掌握电工基础的 15 堂课

君兰工作室　编
黄海平　审校

科学出版社
北　京

内 容 简 介

本书共分 15 堂课,内容包括电工基础知识,电与磁,直流电路,交流电路,三相交流电路,变压器,半导体,晶体三极管放大电路,构成电路的实际 R,L,C 和变压器,电工工具,电工仪表,三相感应电动机,变频器,可编程序控制器和软启动器,电工常用电气图形符号。

本书内容丰富,形式新颖,配有大量的插图帮助讲解,实用性强,易学易用,具有较高的参考阅读价值。

本书适合广大初级电工人员、在职电工人员、电工爱好者、电子爱好者阅读,也可供工科院校相关专业师生阅读,还可供岗前培训人员参考阅读。

图书在版编目(CIP)数据

掌握电工基础的 15 堂课/君兰工作室编;黄海平审校.—北京:科学出版社,2012

ISBN 978-7-03-034257-7

Ⅰ.掌… Ⅱ.①君…②黄… Ⅲ.电工技术-基本知识 Ⅳ.TM

中国版本图书馆 CIP 数据核字(2012)第 090098 号

责任编辑:孙力维 杨 凯 / 责任制作:董立颖 魏 谨

责任印制:赵德静 / 封面设计:王秋实

北京东方科龙图文有限公司 制作

http://www.okbook.com.cn

科学出版社 出版

北京东黄城根北街 16 号

邮政编码:100717

http://www.sciencep.com

北京通州皇家印刷厂 印刷

科学出版社发行 各地新华书店经销

*

2012 年 7 月第 一 版 开本:787×960 1/16

2012 年 7 月第一次印刷 印张:16 1/4

印数:1—5 000 字数:300 000

定 价:32.00 元

(如有印装质量问题,我社负责调换)

前　言

　　为了帮助广大电工技术的初学人员较好地理解电工基础知识，较快地走上电工工作岗位，我们根据初学人员的特点和要求，结合多年的实际工作经验，编写了这本《掌握电工基础的 15 堂课》。

　　本书重点编写电工技术基础知识和基本操作，从而能使从事电工、电子工作人员较快地理解掌握电工基础知识，并能实用操作。希望读者通过阅读本书能对电工技术更有兴趣，活学活用其中的知识，增强自己的实际工作技能。

　　本书高度图解，图文并茂，直观易懂，电工、电子基础知识由浅入深，有很好的学习实用价值。

　　本书适合广大初级电工人员，在职电工人员，电工爱好者，电子爱好者阅读，也可供工科院校相关专业师生阅读，还可供岗前培训人员参考阅读。

　　参加本书编写的人员还有张玉娟、张景皓、鲁娜、张学洞、刘东菊、王兰君、王文婷、凌玉泉、刘守真、高惠瑾、朱雷雷、凌黎、谭亚林、刘彦爱、贾贵超等，在此一并表示感谢。由于编者水平有限，书中难免存在错误和不当之处，敬请广大读者批评指正。

目 录

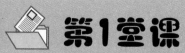

电工基础知识

课前导读

本章主要介绍电工必备的基础知识，包括关于电的计算、电场内的位能等知识。掌握这些知识，是学习电工技能的基础。

掌握关于电和电场的基本知识，理解库仑定律、高斯定理的原理及计算方法。能够计算出电场强度、电位等重要的物理量。

学习目标

1.1 关于电的计算

知识点1 库仑定律

带有电荷的物体,称为带电体。带电体之间具有相互作用力,作用力的方向沿着两电荷的连线,同号电荷相斥,异号电荷相吸。库仑精密地测定了电荷间作用力的大小,发现了两个带电体之间相互作用力的大小,正比于每个带电体的电量,与它们之间距离的平方成反比,作用力的方向沿着两电荷的连线。这就是库仑定律,用公式表示如下:

$$F \propto \frac{Q_1 Q_2}{r^2}$$

式中,Q_1,Q_2 是以库仑(C)为单位的电量;r 是以米(m)为单位的两带电体之间的距离;F 是以牛顿(N)为单位的力,如图 1.1 所示。设介质的介电常数是 ε,相对介电常数是 ε_s,真空介电常数是 ε_0,因 $\varepsilon = \varepsilon_0 \varepsilon_s$,则库仑定律可表示为

$$F = \frac{1}{4\pi\varepsilon} \cdot \frac{Q_1 Q_2}{r^2} = \frac{1}{4\pi\varepsilon_0 \varepsilon_s} \frac{Q_1 Q_2}{r^2} \text{ (N)} \tag{1.1}$$

力 F 也叫做库仑力。

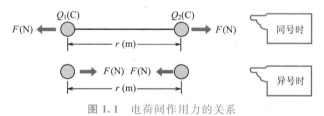

图 1.1 电荷间作用力的关系

知识点2 介电常数

真空介电常数 ε_0 被定义为如下数值:

$$\varepsilon_0 = \frac{10^7}{10\pi c^2} = 8.855 \times 10^{-12} \text{ (F/m)}$$

式中,c 是光速,$c = 2.998 \times 10^8 \approx 3 \times 10^8 \text{m/s}$。

介于电荷之间的绝缘体,就传导静电作用的意义而言称之为电介质。在研究静电作用时,使用的介质必须是绝缘体,这是因为如果使用导体,正、负电荷会被立即中和。相对介电常数 ε_s 是由绝缘体决定的常数。因为空气的 ε_s 是1,所以将空气中的情况与真空中的情况作同样处理也无妨。绝缘油的 ε_s 是2.3,而水的 ε_s 约为80。

将 ε_0 代入 F 的公式,在真空中(或空气中)F 为

$$F = \frac{1}{4\pi\varepsilon_0} \cdot \frac{Q_1 Q_2}{r^2} = \frac{1}{4\pi} \cdot \frac{4\pi c^2}{10^7} \cdot \frac{Q_1 Q_2}{r^2} = \frac{c^2}{10^7} \times \frac{Q_1 Q_2}{r^2}$$

$$\approx (3 \times 10^8)^2 \times 10^{-7} \times \frac{Q_1 Q_2}{r^2} = 9 \times 10^9 \times \frac{Q_1 Q_2}{r^2} \ (\text{N}) \tag{1.2}$$

在真空(或空气)以外的介质中,库仑力为

$$F = \frac{1}{4\pi\varepsilon_0\varepsilon_s} \cdot \frac{Q_1 Q_2}{r^2} = 9 \times 10^9 \times \frac{Q_1 Q_2}{r^2} \cdot \frac{1}{\varepsilon_s} = 9 \times 10^9 \times \frac{Q_1 Q_2}{\varepsilon_s r^2} \ (\text{N}) \tag{1.3}$$

在真空中,两等量电荷相距1m时,若两电荷间的作用力 $F = c^2/10^7$ N,我们说这时的电荷电量为1C($F = c^2/10^7 \cdot Q_1 Q_2/r^2$)。

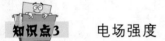

知识点3   电场强度

在电场中置入单位正电荷,其受力的大小和方向随位置而异。这个力是表示电场中该点状态的物理量,称它为该点的电场强度。在电场强度为 E 处,放置点电荷 Q(C),则点电荷受力为

$$F = QE \ (\text{N}) \tag{1.4}$$

$$E = \frac{F}{Q} \ (\text{V/m}) \tag{1.5}$$

电场强度是个矢量,其方向规定为当正电荷置于电场中时,其受力方向为电场强度的正方向。

知识点4   点电荷电场强度

求距电量为 Q(C)的点电荷 r(m)远处 P 点的电场强度 E。根据电场强度的定义,假想在 P 点放置单位正电荷,只要求出该电荷受力即可,如图 1.2 所示。

$$E = \frac{Q}{4\pi\varepsilon r^2} \ (\text{V/m}) \tag{1.6}$$

电场强度的单位,直接想到的是 N/C,之所以使用 V/m 表示,是因与后面要学习的电位有关。对存在两个以上电荷的情况,要分别求出每个电荷的电场强度,再将它们矢量合成,求出总的电场强度。电场强度不是标量,所以必须注意要按矢量计算。

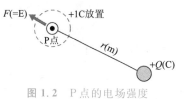

图 1.2　P 点的电场强度

知识点5　电力线和电通量密度

在电场内放置单位正电荷,这个电荷受力而移动,假想电荷移动时画了条线,称为电力线,如图 1.3 所示。这样一来,电力线上各点的切线方向表示该点电场强度的方向,因此,电力线成为了解电场状况的便利工具。

在与电场方向垂直的单位面积 $1m^2$ 内,电场强度等于通过该面积的电力线根数。在 $1V/m$ 的电场强度处,与电力线垂直的单位面积 $1m^2$ 内有 1 根电力线通过,如图 1.3 所示。按照这个定义,带有 $Q(C)$ 电荷的带电体将发出多少根电力线呢?距离带有 $Q(C)$ 电荷的带电体 r 远处的电场强度为

$$E = 9 \times 10^9 \frac{Q}{\varepsilon_s r^2} = \frac{Q}{4\pi\varepsilon_0\varepsilon_s r^2} \ (\text{V/m}) \tag{1.7}$$

在以 $r(m)$ 为半径的球面上,无论怎样取单位面积,都可认为通过该面积的电力线数是 E 根。

E 乘以球面积 $4\pi r^2$,给出从 $Q(C)$ 电荷发出的电力线总数如下:

$$E \times 4\pi r^2 = \frac{Q}{\varepsilon_0\varepsilon_s} \ (\text{根}) \tag{1.8}$$

在真空中或在空气中,电力线的总数如下:

$$\frac{1}{\varepsilon_0}Q = \frac{1}{8.85 \times 10^{-12}}Q = 1.13 \times 10^{11} Q \ (\text{根}) \tag{1.9}$$

由此可见,单位正电荷发出 1.13×10^{11} 根电力线,在相对介电常数为 ε_s 的介质中时,发出的电力线是真空的 $1/\varepsilon_s$ 倍。这个电力线的数目非常大,并且因介质的不同电力线的根数也会发生变化。因此,我们重新设想,1C 电荷发出 1 根电通量,称其为 1C 的电通量,则可避免空间介电常数的影响。这样一来,变成电荷 $Q(C)$ 发出电通量数 $Q(C)$,这就是对电通量的定义。如果电荷 $Q(C)$ 是负的,可认为电通量是进入电荷 Q 的。

式(1.7)变形如下:

$$\frac{Q}{4\pi r^2} = \varepsilon_0\varepsilon_s E = \varepsilon E \tag{1.10}$$

在此,$4\pi r^2$ 是以电荷 Q 为中心、r 为半径的球面面积。

因此,Q 既是电荷 Q(C),同时又是发出的 Q(C)的电通量,如图 1.4 所示。因此,式 (1.10)左边意味着通过 r 为半径的球面的电通量的面密度,用电通量密度 D(C/m²)来表示,式(1.10)可以写成如下形式:

$$D = \varepsilon E \quad (\text{C/m}^2) \tag{1.11}$$

电通量密度 D 与电场强度 E 的比例系数是介电常数 ε。

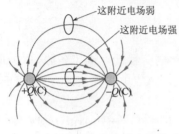

图 1.3　电力线与电场强度的关系

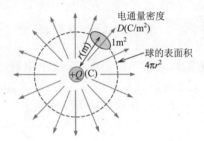

图 1.4　从 $+Q$(C)电荷发出 Q(C)的电通量

技能训练

在相对介电常数是 2.3 的绝缘油中,有一个 $10\mu C$ 的点电荷。求距点电荷 10cm 处的电通量密度 D 和电场强度 E。

解: 以点电荷为中心、10cm 为半径的球面面积为

$$S = 4\pi(0.1)^2 \approx 0.125 \quad (\text{m}^2)$$

另外,从 $10\mu C$ 的点电荷发出 10×10^{-6} 根电通量,所以,电通量密度 D 为

$$D = \frac{10 \times 10^{-6}}{0.125} = 8.0 \times 10^{-5} \quad (\text{C/m}^2)$$

由 $D = \varepsilon E = \varepsilon_0 \varepsilon_s E$,得电场强度为

$$E = \frac{D}{\varepsilon_0 \varepsilon_s} = \frac{8.0 \times 10^{-5}}{8.85 \times 10^{-12} \times 2.3} = 3.93 \times 10^6 \quad (\text{V/m})$$

根据定义亦可求解电场强度为

$$E = 9 \times 10^9 \times \frac{Q}{\varepsilon_s r^2} = \frac{9 \times 10^9 \times 10 \times 10^{-6}}{2.3 \times 0.1^2} = 3.91 \times 10^6 \quad (\text{V/m})$$

知识点6　带电导体球的电场强度

　　球形导体带电,无论带的是正电还是负电,都是同种电荷,按照库仑定律会产生斥力。所以电荷不能集中在球心,而是均匀地分布在导体表面。应该怎样求这样的球形导体表面的电场强度呢?可把所有电荷集中于导体球中心即可。这是因为,只要假设给球形导体带电 Q(C),就有Q(C)电荷发出电通量 Q(C),即使电荷分散于球体表面,球体表面上的电通量密度也不变。换言之,给球形导体带上电,只要球形导体表面的电荷不逃走,电通量的总量就不变。因此,求球形导体表面的电场强度 E 时,可通过所带电荷求出电通量密度 D,再根据$D=\varepsilon E$求解 E 即可。这种求法,不只限于球形导体,导体的形状是圆柱形或圆筒形的情况均适用,但电荷必须分布在导体表面。球形导体若带电,球形导体内部的电场强度为零。其理由如上所述,电荷只存在于导体表面,而内部没有电荷。因此,电通量由表面指向外部,而内部没有,这是因为电通量被表面切断的缘故,如图 1.5 所示。由式 $E=Q/(4\pi\varepsilon_0\varepsilon_s s^2)$ 可知,球形导体的半径 r 越小,表面的电场强度越强。这种情况使绝缘体受到电的压力增加。由于这个原因,在设计使用高压的机器时,要考虑到导体不要有突起或曲率半径太小的部分,还应考虑到不要使电场强度过大。

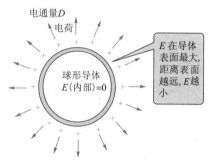

图 1.5　球形导体带上电荷,切断了球内部的电通量

知识点7　高斯定理

　　为了帮助读者理解看不见的电场空间的存在,我们采用了电力线(假想线)来处理,即表示某点电场强度时,用通过单位垂直截面的电力线根数来表示该点的电场强度。于是,穿过以+Q(C)为中心、r(m)为半径的全部球面的电力线根数 N 为

$$N=4\pi r^2 E=4\pi r^2 \times \frac{Q}{4\pi r^2 \varepsilon}=\frac{Q}{\varepsilon} \text{（根）}$$

　　也就是说,置于介电常数为 ε 的电介质中的+Q(C)电荷,发出电力线 Q/ε 根。

　　在电场空间电力线的分布如图 1.6 所示,有各种各样的情形。电荷单独存在时,电力线呈辐射状如图 1.6(a)所示;附近有电荷存在时,受其影响,电力线产生了疏密分布,如图 1.6(b)和图 1.6(c)所示。

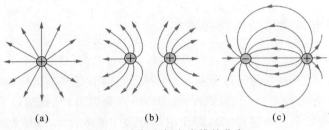

(a)　　　　(b)　　　　(c)

图 1.6　电场空间电力线的分布

　　当多个点电荷存在于介电常数为 ε 的介质中时,考察电场中任意闭合曲面 S。当这个闭合曲面包围 $q_1,q_2,q_3,\cdots,q_n$ 的 n 个点电荷时,从闭合曲面 S 垂直发出电力线的总数 N 等于该闭合曲面 S 内所含电荷总和的 $1/\varepsilon$。这就是高斯定理,如图 1.7 所示,是求解电场强度非常重要的定理,具体表示如下式:

$$N = \frac{1}{\varepsilon}(q_1 + q_2 + q_3 + \cdots + q_n) = \frac{1}{\varepsilon}\sum_{i=1}^{n}q_i \tag{1.12}$$

　　若具体地讨论高斯定理可知,如图 1.8 所示,无论考察什么形状的闭合曲面,从其表面发出的电力线总和都如式(1.12)所示。

　　如图 1.8(b)和图 1.8(c)所示,闭合曲面 S 有内部和外部之分,当电力线穿出或穿入闭合曲面时怎样考虑才合适呢? 在这种情况下,给从闭合曲面穿出的电力线加上正号,穿入的电力线加负号,然后将它们求和。例如,图 1.8(b)的情况,电力线穿出、穿入、穿出,因此有 $+1-1+1=+1$,与穿出 1 根电力线的情况相同。另外,图 1.8(c)是穿入、穿出的情况,所以,$-1+1=0$,可以认为从闭合曲面没有任何电力线穿出。计算电场强度,在点电荷的情况下用库仑定律,在面电荷的情况下用高斯定理。

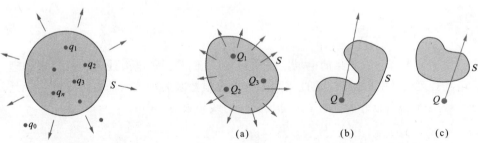

图 1.7　高斯定理　　　　图 1.8　无论对什么样的闭合曲面,高斯定理都成立

技能训练

如图1.9所示,给半径为 r_1(m)的球形导体内部充满密度均匀的电荷$+Q$(C),求球形导体内部及外部的电场强度,设球内外介质的介电常数为 ε。

解: ① 球外电场。为了使用高斯定理,如图1.10所示,设闭合曲面 S 是在球外以导体中心为圆心、r_2(m)为半径的球面。设这个球面上的电场强度为 E_1(V/m),则穿过这个球面的电力线总数 N 为

$$N = 4\pi r_2^2 E_1$$

另外,在这个半径内只有电荷$+Q$(C),由高斯定理得

$$4\pi r_2^2 E_1 = \frac{Q}{\varepsilon}$$

$$E_1 = \frac{Q}{4\pi r_2^2 \varepsilon} \ (\text{V/m})$$

② 球内电场。这种情况电荷充满球体内部,因此在球内取闭合曲面 S',设在球内半径为 r_0(m)的球面上电场强度为 E_2。因电场强度是均匀分布的,所以由该面内向外穿过的电力线总数是 $4\pi r_0^2 E_2$。另外,球内单位体积内的电荷(电荷密度)ρ 为

$$\rho = \frac{Q}{(4/3)\pi r_1^3}$$

则半径为 r_0 的球面内电量 Q_0 为

$$Q_0 = \frac{4}{3}\pi r_0^3 \rho$$

$$= \frac{Q}{4\pi r_1^3/3} \cdot \frac{4}{3}\pi r_0^3 = \frac{r_0^3}{r_1^3}Q$$

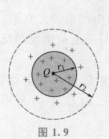

图1.9

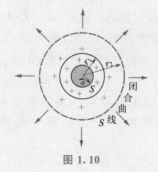

图1.10

由高斯定理知

$$4\pi r_0^2 E_2 = \left(\frac{r_0}{r_1}\right)^3 \cdot \frac{Q}{\varepsilon}$$

$$E_2 = \frac{Qr_0}{4\pi\varepsilon r_1^3}$$

1.2   电场内的位能

 知识点1   电 位

如图 1.11 所示,在电荷为 $+Q(\text{C})$ 的带电体 O 的电场内 S 点处,如果放 $+1\text{C}$ 电荷,则这个电荷受到的斥力为

$$F = 9 \times 10^9 \times \frac{Q}{OS^2} \ (\text{N})$$

若使电荷逆着斥力移近 O,则外力必须做功。于是,$+1\text{C}$ 电荷移动一定的距离(如 $\overline{SP}$ 间距)所需要的功,当 $\overline{SP}$ 距 O 越远,所需的功越小,距离越近,则所需的功越大。

电位是用做功的程度来表示的电场性质,定义如下:电场中某点的电位,表示把单位正电荷 $+1\text{C}$ 从无穷远移到该点所需要的功的大小,单位是伏特(V)。

这样定义后,某点的电位就意味着该点的电位能。在由 $+Q(\text{C})$ 电荷的带电体所形成的电场中,单位正电荷受到斥力作用,因此由这点移向 $+Q$ 需要外界做功,所以认为 $+Q(\text{C})$ 场中的电位是正的。但是,在 $-Q(\text{C})$ 的电场中,单位正电荷受到吸引力,因此,由这点移向 $-Q$ 不需要提供功,而是电场力做功。所以认为 $-Q(\text{C})$ 电场中的电位是负的。在这种情况下,单位正电荷逆着引力移动,距离越远需要的功越大,所以与正电荷情况相反,在负电荷电场中电位距 $-Q(\text{C})$ 越近,变得越低。

无论正电荷的电场还是负电荷的电场,$+1\text{C}$ 电荷通常都是由高电位移向低电位。电荷由电场的一点移到另一点所做的功,决定了两点间电位差的大小,如图 1.12 所示。

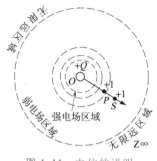

图 1.11　电位的说明

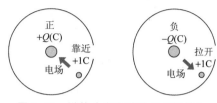

图 1.12　沿箭头方向移动必须提供功

　　电荷在空间产生的电位

试求距 $+Q(C)$ 电荷的带电体 $r(m)$ 远处 P 点的电位。因距 $+Q$ 无穷远处不受 Q 的作用,设其电位为零,所以,无穷远点和 P 点间的电位差 U 就是 P 点的电位。

P 点的电场强度为 $E=Q/4\pi\varepsilon_0\varepsilon_s r^2$,在微小距离 $dr(m)$ 内可看作常数,因此,$+1C$ 的电荷逆着斥力移动 dr 所需要的功为

$$Edr=\frac{Q}{4\pi\varepsilon_0\varepsilon_s r^2}dr$$

这样的功从无穷远点累积到 P 点,即 P 点的电位。因此,P 点的电位 V 为

$$V=-\int_\infty^r Edr=-\int_\infty^r \frac{Q}{4\pi\varepsilon r^2}dr=-\frac{Q}{4\pi\varepsilon}\int_\infty^r \frac{1}{r^2}dr$$

$$=-\frac{Q}{4\pi\varepsilon}\left[-\frac{1}{r}\right]_\infty^r=\frac{Q}{4\pi\varepsilon r}\quad(V) \tag{1.13}$$

式中,$V=-\int_\infty^r Edr$ 里加了负号,这是因为电位随 r 的增加而减少的缘故。

电位 V 的原点取为无限远点,所谓无限远如图 1.22 所示,意味着距离电荷非常远,可以认为那里的电场强度为 0。实际情况下,无限远并不是指无穷远的边际,也可用机器的外壳、大地等表示。电位是由电场的功(电场强度×距离)求得,其单位本来应该是 $(N/C)\cdot m=N\cdot m/C$,但实际上电位的单位是伏特(V),为此,多数情况下电场强度的单位也用电位的单位(V)来表示:

$$E=\frac{Q}{4\pi\varepsilon r^2}=\frac{Q}{4\pi\varepsilon r}\cdot\frac{1}{r},\qquad V\cdot m^{-1}=V/m$$

知识点3　　两点间的电位差

设距 $+Q(\mathrm{C})$ 点电荷 $r_1(\mathrm{m})$ 远的 P 点和 $r_2(\mathrm{m})$ 远的 S 点的电位分别为 V_1 和 V_2：

$$V_1 = \frac{Q}{4\pi\varepsilon r_1}, V_2 = \frac{Q}{4\pi\varepsilon r_2}$$

因此，P 点与 S 点的电位差 V_{12} 为

$$V_{12} = V_1 - V_2 = \frac{Q}{4\pi\varepsilon}\left(\frac{1}{r_1} - \frac{1}{r_2}\right) \ (\mathrm{V}) \tag{1.14}$$

这个电位差等于单位正电荷 $+1\mathrm{C}$ 由 S 点移到 P 点所做的功。

知识点4　　两个以上点电荷电场的电位

如图 1.13 所示，在多个点电荷的情况下，P 点的电位可由每个电荷产生的电位之和求得：

$$V_P = \frac{+Q_1}{4\pi\varepsilon r_1} + \frac{-Q_2}{4\pi\varepsilon r_2} + \frac{+Q_3}{4\pi\varepsilon r_3} \ (\mathrm{V})$$

电位与电场强度最大的不同是没有方向性，即为标量。而电场强度来源于库仑力，所以是矢量。由于电位是标量，对多个点电荷电场的电位，可由点电荷单独存在时电位的代数和求得。

知识点5　　电位梯度等于电场强度

电位梯度是电场中电位的变化与距离的变化之比。考虑电场中 P,S 两点，设 PS 间距离为 Δx，且各点的电位分别为 V_1,V_2，若设电位差 $\Delta V = V_1 - V_2$，电位的变化与距离的变化之比称为电位梯度 g，即

$$g = \frac{V_1 - V_2}{\Delta x} = \frac{\Delta V}{\Delta x}$$

如图 1.14 所示，与发电机相连的两块金属板，一块带正电 $+Q(\mathrm{C})$，一块带负电 $-Q(\mathrm{C})$，设两板间的电位差为 $V(\mathrm{V})$。两金属板间产生等强度的电场，发出均匀的电通量。在此均匀电场中放入单位正电荷 $+1\mathrm{C}$，无论放在什么位置，因电场强度为 E，都受到 $E(\mathrm{N})$ 的力。若逆着力的方向，将单位正电荷 $+1\mathrm{C}$ 从 $-Q$ 电极移到 $+Q$ 电极，所需要做的功 $Et(\mathrm{J})$ 和两板间的电位差 $V(\mathrm{V})$ 相等，即

$$V = Et \quad (\text{V}) \tag{1.15}$$

因此，

$$E = \frac{V}{t} \quad (\text{V/m}) \tag{1.16}$$

上式也表示电位梯度 g，即电位梯度等于电场强度。

图 1.13   图 1.14　在均匀电场中的电位梯度

给绝缘体加电压，其绝缘击穿不是取决于对材料所加电位的大小，而是取决于电位梯度的大小。

 技能训练

① 如图 1.15 所示，空气中有 3 个点电荷 $+4\mu\text{C}$，$-9\mu\text{C}$，$+5\mu\text{C}$。求距 3 个点电荷分别为 20cm，30cm，20cm 处的 A 点的电位是多少？

解：分别求出三个点电荷单独存在时 A 点的电位，将其代数相加（考虑电荷的正负），即可求得 A 点电位 V。

$$V = 9 \times 10^9 \times \frac{4 \times 10^{-6}}{0.2} + 9 \times 10^9 \times \frac{(-9) \times 10^{-6}}{0.3} + 9 \times 10^9 \times \frac{5 \times 10^{-6}}{0.2}$$

$$= 9 \times 10^9 \times 10^{-6} \times \left(\frac{4}{0.2} + \frac{-9}{0.3} + \frac{5}{0.2} \right)$$

$$= 135 \times 10^3 \quad (\text{V})$$

② 如图 1.16 所示，在空气中距 $+Q(\text{C})$ 点电荷 $r(\text{m})$ 远的 A 点电位是 200V，设电位梯度为 25V/m，则电荷与 A 点的距离是多少？电荷 Q 是多少？

解：$g = E = 9 \times 10^9 \times \dfrac{Q}{r^2} \quad (\text{V/m})$

电位的大小为 $V=9\times10^9\times\dfrac{Q}{r}$ (V)，所以，

$$25=9\times10^9\times\dfrac{Q}{r^2} \tag{1.17}$$

$$200=9\times10^9\times\dfrac{Q}{r} \tag{1.18}$$

用式(1.18)除以式(1.17)，得 $r=8$。

将 $r=8$ 代入式(1.18)，得 $Q=0.178\mu C$。

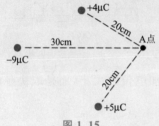

图 1.15

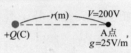

图 1.16

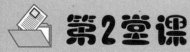

电与磁

课前导读 本章介绍磁场和磁路的基本知识，讲解楞次定律、左手定则和右手定则、法拉第定律等在电磁场计算中的应用。

理解磁场的基本性质；掌握磁场内的基本计算方法；学会应用左手定则和右手定则进行磁场分析；理解关于电磁感应的法拉第定律等。

学习目标

2.1 磁铁与磁场

知识点1 磁铁的性质

磁铁的性质如图 2.1 和图 2.2 所示。

作用在磁极间的力 F 为

$$F = 6.33 \times 10^4 \times \frac{m_1 m_2}{r_2} \text{（N）} \quad \text{（库仑定律）}$$

设两个磁极的强度分别为 m_1（Wb），m_2（Wb），相互间的距离为 r（m），则利用上式可求出作用于磁极间的力 F（N）。

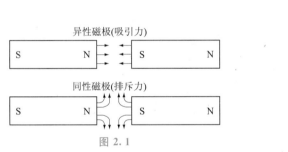

图 2.1

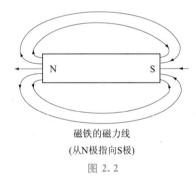

磁铁的磁力线
（从N极指向S极）

图 2.2

6.33×10^4 可理解为是根据力、磁极的强度、距离的单位而决定的一个系数。该系数根据 $\dfrac{1}{4\pi\mu_0} = \dfrac{1}{4\pi \times 4\pi \times 10^{-7}} \approx 6.33 \times 10^4$ 求出。符号 μ_0 表示真空中的磁导率，其值为 $4\pi \times 10^{-7}$（H/m）。

知识点2 磁场强度和磁通密度

一般情况下，真空中或空气中磁场强度 H（A/m）和磁通密度 B（T）的关系为

$$B = \mu_0 H = 4\pi \times 10^{-7} H \text{（T）}$$

知识点3   直线电流产生的磁场

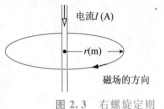

电流I(A)

r(m)

磁场的方向

在直线长导体中通过的电流为 I（A）时，距离导体为 r（m）处的磁场强度 H（A/m）为（安培右螺旋定则，图2.3）：

$$H = \frac{I}{2\pi r} \ (\text{A/m})$$

图 2.3 右螺旋定则

技能训练

如图 2.4 所示，有 3 个点磁极 A,B,C 在空气中处于同一直线上。A,B,C 的磁极强度分别为 1×10^{-4}Wb，2×10^{-4}Wb，3×10^{-4}Wb，求作用于 B 点的力是多少？作用力的方向是向左还是向右？

解：先求出作用于点磁极 A,B 间的力和作用于点磁极 B,C 间的力，因为力的大小相反，故求出其差，就可求出 B 点作用力的大小和方向。

设点磁极 A、B 间作用的磁力为 F_{AB}，B,C 间作用的磁力为 F_{BC}。

$$F_{AB} = 6.33\times10^4 \times \frac{1\times2\times10^{-8}}{(10\times10^{-2})^2} = 1.27\times10^{-1} = 0.127 \ (\text{N})$$

$$F_{BC} = 6.33\times10^4 \times \frac{2\times3\times10^{-8}}{(10\times10^{-2})^2} = 3.80\times10^{-1} = 0.38 \ (\text{N})$$

F_{AB}，F_{BC} 的方向如图 2.5 所示，都是正极，相互排斥，所以作用于磁极 B 的力为 F_{AB} 与 F_{BC} 的差。

$$F_{BC} - F_{AB} = (3.80 - 1.27)\times10^{-1}\text{N} = 0.253 \ (\text{N})$$

磁力的方向向左。

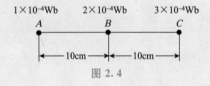

1×10^{-4}Wb 2×10^{-4}Wb 3×10^{-4}Wb

A B C

10cm   10cm

图 2.4

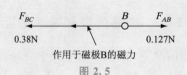

F_{BC} B F_{AB}

0.38N   0.127N

作用于磁极B的磁力

图 2.5

2.2 磁 路

知识点1 磁路的构成

磁路的构成如图 2.6 所示。

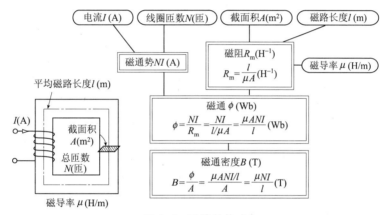

图 2.6 磁路的构成

知识点2 磁路的计算

磁路及其等效电路如图 2.7 所示。

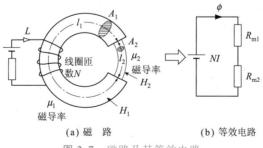

（a）磁 路   （b）等效电路

图 2.7 磁路及其等效电路

$$\phi = \frac{NI}{R_{m1} + R_{m2}} = \frac{NI}{(l_1/\mu_1 A_1) + (l_2/\mu_2 A_2)} \ (\text{Wb})$$

$$NI = \frac{\phi l_1}{\mu_1 A_1} + \frac{\phi l_2}{\mu_2 A_2} \ (\text{A})$$

$$NI = H_1 l_1 + H_2 l_2 \ (\text{A})$$

知识点3   物质的磁导率

物质的磁导率 μ 由下式给出：

$$\mu = \mu_0 \mu_{\text{S}} = 4\pi \times 10^{-7} \mu_{\text{S}}$$

式中，μ_{S} 为物质的相对磁导率；μ_0 为真空中的磁导率。

 技能训练

如图 2.8 所示，有一带有气隙的环形铁心，绕有 100 匝的线圈，当有 7A 电流通过时，铁心内部的磁通是多少？铁心的相对磁导率为 1000。

解： $l_1 = 2\pi \times 20 \times 10^{-2} - 1.0 \times 10^{-2}$

$\qquad \approx (125.7 - 1) \times 10^{-2} = 124.7 \times 10^{-2} \ (\text{m})$

$\qquad R_1 = \dfrac{124.7 \times 10^{-2}}{4\pi \times 10^{-7} \times 1000 \times \pi \times 10^{-4}} \approx 3.16 \times 10^6 \ (\text{H}^{-1})$

$\qquad R_2 = \dfrac{1 \times 10^{-2}}{4\pi \times 10^{-7} \times \pi \times 10^{-4}} \approx 2.54 \times 10^7 \ (\text{H}^{-1})$

$\qquad R_m = (3.16 + 25.4) \times 10^6 = 28.56 \times 10^6 \ (\text{H}^{-1})$

$\qquad \phi = \dfrac{100 \times 7}{28.56 \times 10^6} \approx 2.45 \times 10^{-5} \ (\text{Wb})$

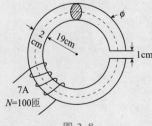

图 2.8

2.3 楞次定律

 知识点1 感应电动势

如图 2.9 所示,如果移动磁铁,则在线圈中产生感应电流,该感应电流的方向总是使它所产生的磁通阻碍外部磁通的变化,这就是楞次定律。

感应电动势的大小,与穿过线圈的磁通变化率成正比。

$$e = \frac{\Delta \phi}{\Delta t} \ (\text{V})$$

$$e = N \frac{\Delta \phi}{\Delta t} \ (\text{V})$$

一匝线圈中的磁通,在 1s 内以 1Wb 的变化率变化时,所产生的感应电动势 e 的大小是 1V。如果线圈为 N 匝,则感应电动势 e 变为 N 倍。

 知识点2 自感作用

如果线圈中的电流发生变化,由该电流产生的磁通亦随之改变,此时线圈中将产生感应电压(电动势)e,此现象叫做自感作用,如图 2.10 所示。当圈数为 N 匝的线圈中有电流 I 通过,产生的与线圈交链的磁通为 ϕ 时,其自感系数(自感)为 $L = N\phi/I$,单位用亨[利](H)表示。

$$e = L \frac{\Delta I}{\Delta t} \ (\text{V})$$

线圈本身的电感(自感系数)

 知识点3 环状线圈的自感系数

环状线圈如图 2.11 所示,其自感系数如下式:

$$L = \frac{\mu_0 \mu_s A N^2}{l} \ (\text{H})$$

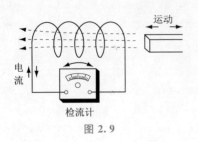

运动

电流

检流计

图 2.9

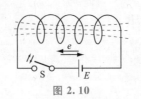

e

S

E

图 2.10

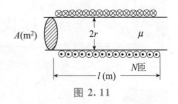

$A(\text{m}^2)$

$2r$

μ

N匝

$l\,(\text{m})$

图 2.11

 技能训练

穿过 500 匝线圈的磁通,在 5s 内由 0.2Wb 增加到 0.6Wb,这时线圈中的感应电动势为多少?

解:由题意可知,$\Delta t=0.5\text{s}$,$N=500$ 匝,$\Delta\phi=0.6-0.2=0.4$(Wb),感应电动势 e 的大小如下:

$$e=N\frac{\Delta\phi}{\Delta t}$$
$$=500\times\frac{0.4}{0.5}$$
$$=400\,(\text{V})$$

2.4 左手定则和右手定则

 知识点1 电磁力

电磁力的大小与磁场的磁通密度$B(\text{T})$和电流$I(\text{A})$的乘积成正比,也与放入磁场中导体的长度成正比。如图 2.12 所示,根据弗莱明左手定则知作用于与磁通构成θ角导体l的电磁力F为

$$F = BIl\sin\theta \quad (\text{N})$$

$$F = BIl \quad (\text{N})(\theta = 90°\text{时})$$

知识点2 作用于矩形线圈的力

如图 2.13 和图 2.14 所示,作用于线圈边沿的力 $F(\text{N})$ 为

$$F = 2IBaN$$

以 xx' 为中心旋转的力形成的力矩为

$$T = F \times \frac{b}{2} = 2IBaN \times \frac{b}{2} = IBabN \quad (\text{N} \cdot \text{m})$$

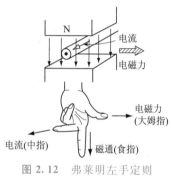

图 2.12　弗莱明左手定则

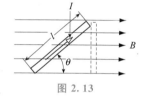

图 2.13

知识点3 导体在磁场中移动而产生的电动势

如图 2.15 所示,导体在磁场中移动产生的电动势符合弗莱明右手定则。

$$e = Blv \quad (\text{V})$$

式中,B 为磁通密度(T);l 为有效长度(m);v 为切割磁通的速度(m/s)。

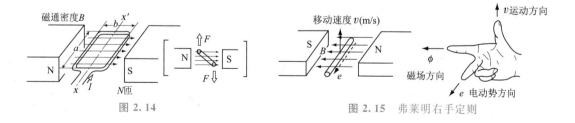

图 2.14

图 2.15　弗莱明右手定则

技能训练

① 在磁通密度为 4T 的磁场中,有一长度为 3m 的直线导体与磁场的方向成直角。当有 5A 的电流通过此导体时,求作用于导体的力 F 的大小。

解:求作用于导体的力的公式为 $F = BlI\sin\theta$。其中,直线导体与磁场的方向是直角,所以 $\theta = 90°$,即按 $\sin\theta = 1$ 计算即可。

作用于导体的力为

$$F = BlI$$
$$= 4 \times 3 \times 5 = 60 \text{（N）}$$

② 在磁通密度为 1T 的磁场内,有一长度为 30cm、宽度为 20cm、圈数为 200 匝的矩形线圈。通过线圈中的电流为 30mA。当线圈与磁场方向倾斜角度为 60°时,力矩是多少?

解:$T = 1 \times 30 \times 10^{-3} \times 0.2 \times 0.3 \times 200 \times \dfrac{1}{2}$

$$= 0.36 \times \dfrac{1}{2}$$
$$= 0.18 \text{（N · m）}$$

2.5　互　感

 知识点1　　关于电磁感应的法拉第定律

关于电磁感应的法拉第定律如下式:

$$e = N\frac{\Delta\phi}{\Delta t} \text{（V）}$$

磁通链 $= N\phi$ （Wb）

知识点2　互感电动势

如图 2.16 所示,当初级线圈的电流在 Δt 内变化 ΔI_1 时,假设在次级线圈上交链磁通的变化为 $\Delta \phi_1$,则在匝数为 N_2 的次级线圈上所产生的感应电动势 e_2 为

$$e_2 = N_2 \frac{\Delta \phi}{\Delta t} \text{ (V)} \tag{2.1}$$

因为 $\Delta \phi_1$ 与 ΔI_1 成正比,若设比例系数为 M,则

$$e_2 = M \frac{\Delta I_1}{\Delta t} \text{ (V)} \tag{2.2}$$

称 M 为互感,单位为亨[利],用 H 表示。

由式(2.1)、式(2.2)可得

$$N_2 \frac{\Delta \phi_1}{\Delta t} = M \frac{\Delta I_1}{\Delta t}, M = N_2 \frac{\Delta \phi_1}{\Delta I_1} \text{ (H)}$$

知识点3　变压器的结构

变压器的结构如图 2.17 所示,由 $\dfrac{E_1}{E_2} = \dfrac{N_1}{N_2}$ 可得

$$E_2 = \frac{N_2}{N_1} E_1 \text{ (V)}$$

由 $\dfrac{I_1}{I_2} = \dfrac{N_2}{N_1}$ 可得

$$I_2 = \frac{N_1}{N_2} I_1 \text{ (A)}$$

$$\frac{E_1}{E_2} = \frac{N_1}{N_2} = \frac{I_2}{I_1}$$

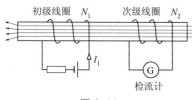

图 2.16

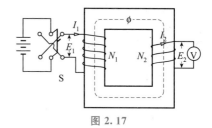

图 2.17

技能训练

有一个绕有两个线圈的环形铁心。初级线圈为 1000 匝,次级线圈为 2000 匝,铁心的截面积为 $2cm^2$,相对磁导率为 1000,磁路的长度为 0.4m。试求此时的互感 M 是多少? $\mu_0 = 4\pi \times 10^{-7} H/m$。

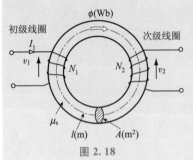

图 2.18

解:线圈的互感如图 2.18 所示。穿过次级线圈的磁通,在 $\Delta t(s)$ 内增加 $\Delta \phi(Wb)$ 时所产生的感应电压 v_2 为

$$v_2 = N_2 \frac{\Delta I_1}{\Delta t} \quad (V) \tag{2.3}$$

流过初级线圈的电流在 $\Delta t(s)$ 内增加 $\Delta I_1(A)$ 时的感应电压 $v_2(V)$ 为

$$v_2 = M \frac{\Delta I_1}{\Delta t} \quad (V) \tag{2.4}$$

由式(2.3)、式(2.4)得

$$M = N_2 \frac{\Delta \phi}{\Delta I_1}$$

根据 2.2 节介绍的磁路,由 $\phi = \frac{\mu A N_1 I_1}{l}$ 得

$$\Delta \phi = \frac{\mu A N_1 \Delta I_1}{l}, \quad \frac{\Delta \phi}{\Delta I_1} = \frac{\mu A N_1}{l}$$

所以,

$$M = N_2 \frac{\mu A N_1}{l} = \frac{\mu_0 \mu_S A N_1 N_2}{l} \quad (H)$$

$$A = 2cm^2 = 2 \times 10^{-4} m^2$$

$$N_1 = 1000, N_2 = 2000$$

$$l = 0.4m, \mu_S = 1000$$

$$M = \frac{\mu_0 \mu_S A N_1 N_2}{l} = \frac{4 \times 3.14 \times 10^{-7} \times 1000 \times 2 \times 10^{-4} \times 1000 \times 2000}{0.4}$$

$$= 125.6 \times 10^{-2} = 1.26 \quad (H)$$

直流电路

课前导读

　　以直流电源作为电源的电路称为直流电路。作为直流电路的电路元件只考虑电阻就可以了。电阻有各种连接情况，本章将计算各种连接情况时电阻中的电流和电压，另外说明不同物质电阻的计算方法，还涉及电阻的测量。

　　掌握电阻的连接方法；学会计算不同连接情况下电阻中的电流和电压；掌握用电流表和电压表测量电阻的方法；理解电阻器的用法等。

学习目标

3.1 电阻的连接方法

知识点1 串 联

串联是一个电阻的电流出口与另一个电阻的电流入口相连的方法,如图 3.1 所示。因此,两个电阻中的电流相同。

知识点2 并 联

并联是两个电阻的电流入口与入口、出口与出口连在一起,如图 3.2 所示,这时两个电阻上所加的电压相同。

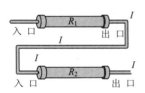

出口和入口相连
图 3.1 串 联

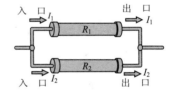

入口和出口分别连接
图 3.2 并 联

3.2 电阻的串联

知识点1 电阻串联时,电阻值增大

如图 3.3 所示,两个相同灯泡串联时,其亮度比只用一个时暗。两个灯泡串联的电路相当于两个电阻 $R(\Omega)$ 的串联,此电阻 $R(\Omega)$ 为一个灯泡的电阻。灯泡变暗是因为电流减小引起的。由欧姆定律知道,电源电压相同时,如果电流减少,就说明电阻变大了。

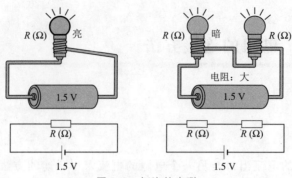

图 3.3   灯泡的串联

 知识点2 　　串联等效电阻

如图 3.4 所示,R_1(2Ω)和 R_2(3Ω)两个电阻串联后加 5V 电压。在此电路中流过的电流为 I,R_1,R_2 上的电压为 V_1,V_2,即

$$V_1 = R_1 I$$
$$V_2 = R_2 I$$
$$V = V_1 + V_2 = R_1 I + R_2 I = (R_1 + R_2)I$$

所以,

$$I = \frac{V}{R_1 + R_2} = \frac{5}{2+3} = 1 \ (A)$$

令电压与电流之比为 $\frac{V}{I} = R$,此 R 称为串联等效电阻。串联等效电阻为:

$$R = R_1 + R_2 = \frac{V}{I} = 2 + 3 = 5 \ (\Omega)$$

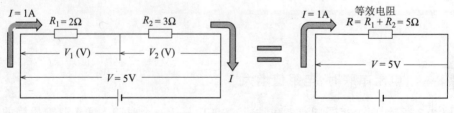

图 3.4   串联的等效电阻

知识点3　各电阻上所加的电压

现考虑一下 3 个电阻($R_1=5\Omega,R_2=2\Omega,R_3=3\Omega$)的串联电路,如图 3.5 所示。等效电阻为 $R=R_1+R_2+R_3=5+2+3=10$ (Ω)。

$$电流\ I=\frac{V}{R}=\frac{5}{10}=0.5\ (A)$$

各电阻上所加的电压如下:

$$V_1=IR_1=0.5\times5=2.5\ (V)$$
$$V_2=IR_2=0.5\times2=1.0\ (V)$$
$$V_3=IR_3=0.5\times3=1.5\ (V)$$

在电阻中通过电流时,电阻两端出现电压。这是由于电阻所引起的电压降,所以称为电阻压降。电压降的大小由电流和电阻的乘积而定,而电压是沿电流方向降落。电阻 $R(\Omega)$ 中有电流 $I(A)$ 时,电阻两端电压 $V(V)=IR$。

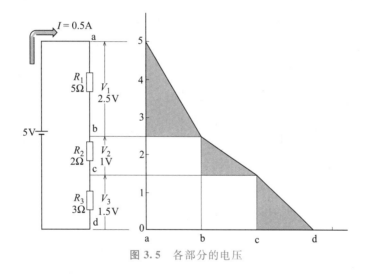

图 3.5　各部分的电压

知识点4　串联电路的计算

在计算串联电路的电流时,先计算等效电阻,再用等效电阻除电源电压就可求得。各电阻上的电压用电路电流乘电阻就可以了。

技能训练

如图 3.6 所示,三个电阻($R_1 = 40\Omega, R_2 = 50\Omega, R_3 = 60\Omega$)串联接于 3V 电源上,计算等效电阻 $R(\Omega)$、电路中的电流 $I(A)$ 和各部分电压 V_1, V_2, V_3。

解:$R = R_1 + R_2 + R_3 = 40 + 50 + 60 = 150$($\Omega$)

$$I = \frac{V}{R} = \frac{3}{150} = 0.02(A) = 20\ (mA)$$

$$V_1 = IR_1 = 0.02 \times 40 = 0.8\ (V)$$

$$V_2 = IR_2 = 0.02 \times 50 = 1.0\ (V)$$

$$V_3 = IR_3 = 0.02 \times 60 = 1.2\ (V)$$

因为电阻中有电流时电压降与电阻成正比,所以如果两个电阻串联时,电压按一定比例分压。

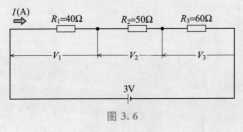

图 3.6

3.3 电阻的并联

 知识点1   电阻并联时,电阻值减小

如图 3.7 所示,两个灯泡并联时灯泡亮度和只接一个时相同。这是因为不管只接一个还是两个,每个灯泡中的电流相同。但两个并联时因总电流增至 2 倍,故总电阻减至 $\frac{1}{2}$。

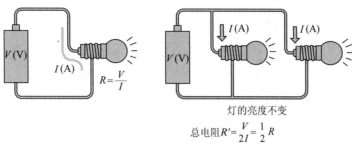

灯的亮度不变

总电阻 $R' = \dfrac{V}{2I} = \dfrac{1}{2} R$

图 3.7 灯泡的并联

知识点2　并联等效电阻

如图 3.8 所示,现求两个电阻 $R_1(\Omega)$、$R_2(\Omega)$ 并联时的等效电阻。图 3.8(a) 中,$I = I_1 + I_2 = \dfrac{V}{R_1} + \dfrac{V}{R_2} = V\left(\dfrac{1}{R_1} + \dfrac{1}{R_2}\right)$,因此,并联等效电阻 $R = \dfrac{1}{\dfrac{1}{R_1} + \dfrac{1}{R_2}} = \dfrac{R_1 R_2}{R_1 + R_2}$。

3 个电阻并联时,等效电阻为

$$R = \dfrac{1}{\dfrac{1}{R_1} + \dfrac{1}{R_2} + \dfrac{1}{R_3}}$$

知识点3　各电阻中的电流

现求两个电阻并联时各电阻中电流的大小,如图 3.9 所示。

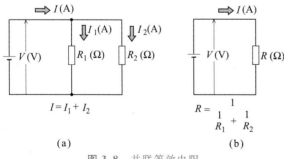

(a)

图 3.8　并联等效电阻

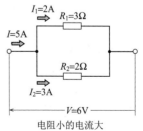

电阻小的电流大

图 3.9　两个电阻中的电流

图 3.9 中的等效电阻 R 为

$$R = \frac{1}{\frac{1}{R_1} + \frac{1}{R_2}} = \frac{R_1 R_2}{R_1 + R_2} = \frac{3 \times 2}{3 + 2} = 1.2 \ (\Omega)$$

电阻两端的电压 $V(V)$ 为

$$V = IR = I \times \frac{R_1 R_2}{R_1 + R_2} = 5 \times 1.2 = 6 \ (V)$$

各电阻中电流 $I_1(A)$ 和 $I_2(A)$ 为

$$I_1 = \frac{V}{R_1} = \frac{I \times \dfrac{R_1 R_2}{R_1 + R_2}}{R_1} = I \times \frac{R_2}{R_1 + R_2} = 5 \times \frac{2}{5} = 2 \ (A)$$

$$I_2 = \frac{V}{R_2} = \frac{I \times \dfrac{R_1 R_2}{R_1 + R_2}}{R_2} = I \times \frac{R_1}{R_1 + R_2} = 5 \times \frac{3}{5} = 3 \ (A)$$

下面计算一下 I_1 与 I_2 之比:

$$\frac{I_1}{I_2} = \frac{I \times \dfrac{R_2}{R_1 + R_2}}{I \times \dfrac{R_1}{R_1 + R_2}} = \frac{R_2}{R_1}$$

两个电阻并联时,各电阻中电流与电阻值成反比。

 知识点4   **并联电路的计算**

求并联电路的总电流时,可先求等效电阻,然后用等效电阻除电源电压。另外也可分别求出各电阻中电流,然后再相加。

 技能训练

如图 3.10 所示,3 个电阻(2Ω,3Ω,6Ω)并联,给此并联电路加上 6V 电压时,总电流为多少安?

解: 等效电阻为

$$R = \frac{1}{\dfrac{1}{R_1} + \dfrac{1}{R_2} + \dfrac{1}{R_3}}$$

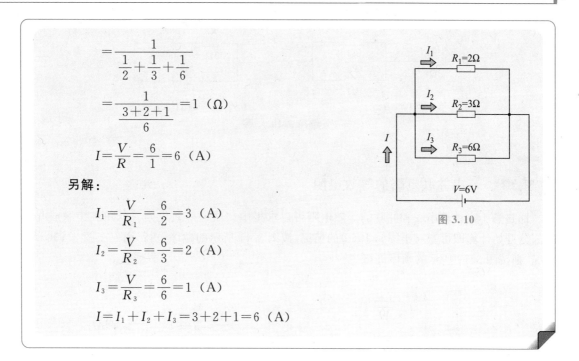

$$= \frac{1}{\frac{1}{2} + \frac{1}{3} + \frac{1}{6}}$$

$$= \frac{1}{\frac{3+2+1}{6}} = 1 \ (\Omega)$$

$$I = \frac{V}{R} = \frac{6}{1} = 6 \ (A)$$

另解：

$$I_1 = \frac{V}{R_1} = \frac{6}{2} = 3 \ (A)$$

$$I_2 = \frac{V}{R_2} = \frac{6}{3} = 2 \ (A)$$

$$I_3 = \frac{V}{R_3} = \frac{6}{6} = 1 \ (A)$$

$$I = I_1 + I_2 + I_3 = 3 + 2 + 1 = 6 \ (A)$$

图 3.10

3.4 串并联混接电路

知识点1   3 个电阻的不同连接

3 个 3Ω 电阻的各种连接形式如图 3.10 所示。图 3.10(a)所示是 3 个电阻串联，合成电阻为 9Ω，是一个电阻时的 3 倍。图 3.10(b)所示是 3 个电阻并联，合成电阻为 1Ω，是一个电阻时的 1/3。图 3.10(c)和图 3.10(d)所示是串联和并联的组合，称为串并联电路。

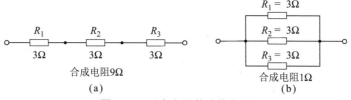

图 3.10   3 个电阻的连接方法

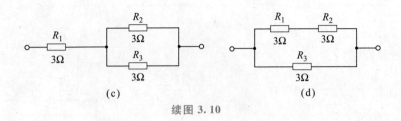

续图 3.10

知识点2   串并联电路的等效电阻

通过若干次计算串联和并联的等效电阻可以求得串并联的等效电阻。从单纯串联或并联的部分开始计算即可。对于图 3.10(c)的情况,按图 3.11 所示的顺序进行,而对于图 3.10(d)的情况,则按图 3.12 所示的顺序进行。

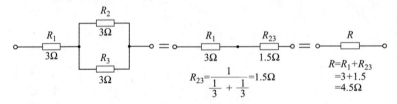

图 3.11   串并联电路的等效电阻(Ⅰ)

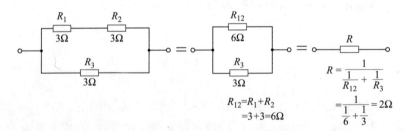

图 3.12   串并联电路的等效电阻(Ⅱ)

知识点3   串并联电路的计算

没有为了计算串并联电路各部分电流而规定的计算顺序。对不同电路要用效率最高的方法进行计算。要很快找到这种计算顺序,需要进行一定程度的练习。

技能训练

求图 3.13 所示电路中各部分的电流和电压。

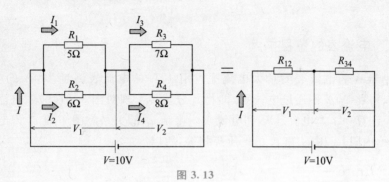

图 3.13

解:① 计算 R_1 和 R_2 及 R_3 和 R_4 的等效电阻 R_{12},R_{34}。

$$R_{12}=\frac{1}{\frac{1}{R_1}+\frac{1}{R_2}}=\frac{R_1R_2}{R_1+R_2}=\frac{5\times6}{5+6}=2.727（\Omega）$$

$$R_{34}=\frac{1}{\frac{1}{R_3}+\frac{1}{R_4}}=\frac{R_3R_4}{R_3+R_4}=\frac{7\times8}{7+8}=3.733（\Omega）$$

② 计算总电流 I。

$$I=\frac{V}{R_{12}+R_{34}}=\frac{10}{2.727+3.733}=1.548（A）$$

③ 计算电压 V_1,V_2。

$$V_1=IR_{12}=1.548\times2.727=4.22（V）$$

$$V_2=IR_{34}=1.548\times3.733=5.78（V）$$

④ 计算 I_1,I_2,I_3,I_4。

$$I_1=\frac{V_1}{R_1}=\frac{4.22}{5}=0.844（A）$$

$$I_2=\frac{V_1}{R_2}=\frac{4.22}{6}=0.703（A）$$

$$I_3=\frac{V_2}{R_3}=\frac{5.78}{7}=0.826（A）$$

$$I_4=\frac{V_2}{R_4}=\frac{5.78}{8}=0.723（A）$$

3.5　扩大电流表和电压表的量程

知识点1　　电流表的量程扩大

如何用小量程的电流表测量大电流呢？用 10A 的电流表测量 100A 的电流时，如图 3.14(a)所示，可将 90A 不通过电流表，即将其分流掉。现对图 3.14(b)中电流表并联接有 $r_\mathrm{s}(\Omega)$ 的情况，计算一下总电流 $I(\mathrm{A})$ 和电流表中电流 i_a 的关系。图中的 r_a 为电流表的内部电阻（以下简称内阻）。因 r_a 和 r_s 的电压降相等，所以

$$i_\mathrm{a}r_\mathrm{a}=I_\mathrm{s}r_\mathrm{s},\ I_\mathrm{s}=i_\mathrm{a}\frac{r_\mathrm{a}}{r_\mathrm{s}}$$

总电流为

$$I=i_\mathrm{a}+I_\mathrm{s}=i_\mathrm{a}+i_\mathrm{a}\frac{r_\mathrm{a}}{r_\mathrm{s}}=\left(1+\frac{r_\mathrm{a}}{r_\mathrm{s}}\right)i_\mathrm{a}$$

$$I=mi_\mathrm{a}$$

$$m=\frac{I}{i_\mathrm{a}}=1+\frac{r_\mathrm{a}}{r_\mathrm{s}}$$

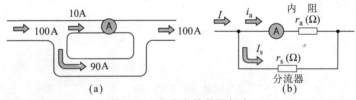

图 3.14　电流表的量程扩大

总电流是电流表电流 i_a 的 m 倍。r_s 称为分流器，而 m 则表示分流器的倍率。在图 3.14(a)的情况下，$m=10$，如果电流表内阻 r_a 为 5Ω，那么 r_s 取下式所示值即可得

$$r_\mathrm{s}=\frac{r_\mathrm{a}}{m-1}=\frac{5}{10-1}=0.556\ (\Omega)$$

知识点2　　电压表的量程扩大

为扩大电压表的量程，要在电压表外侧接一个与电压表串联的电阻 R_m，如图 3.15 所示，

此电阻称为倍压器。图中，r_v 为电压表内阻。

现在求一下电压表指示电压 V_v 和总电压 V 的关系。因为 r_v 中电流和 R_m 中电流相同，所以

$$\frac{V_v}{r_v}=\frac{V_m}{R_m}, V_m=\frac{R_m}{r_v}\cdot V_v$$

总电压 V 为

$$V=V_v+V_m=V_v+\frac{R_m}{r_v}V_v$$

$$=\left(1+\frac{R_m}{r_v}\right)V_v=mV_v$$

式中，$m=\dfrac{V}{V_v}=1+\dfrac{R_m}{r_v}$。

即总电压 V 是电压表指示电压 V_v 的 m 倍，m 称为倍压器的倍率。

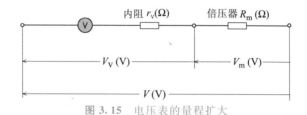

图 3.15　电压表的量程扩大

 技能训练

用 3V 的电压表测量 100V 时，需接多少 Ω 的倍压器呢？已知电压表的内阻为 10kΩ。

解： $m=\dfrac{100}{3}=33.33$

$R_m=(m-1)r_v=(33.33-1)\times10\times10^3=323.3$（kΩ）

3.6 电 阻

知识点1 各种物质的电阻

导体、半导体和绝缘体三者的区别由各物质的电阻大小而定。因为物质的电阻根据其形状而变化,所以用截面积为 1m² 、长为 1m 的电阻来比较,这就是物质的电阻率,如图 3.16 所示。电阻率的表示符号为 ρ ,单位为 $\Omega \cdot m$ 。

电阻率在 $10^{-4}\,\Omega \cdot m$ 以下的物质称为导体, $10^4\,\Omega \cdot m$ 以上的物质是绝缘体,半导体的电阻率值介于导体和绝缘体之间。

知识点2 电阻与物体形状的关系

如图 3.17 所示,相同材料的铜线,粗导线比细导线的电阻小,短导线比长导线的电阻小。这和水管的水流情况相似,粗水管比细水管的摩擦力小,水容易流通。

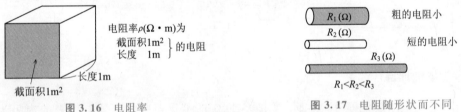

图 3.16 电阻率 图 3.17 电阻随形状而不同

下面求一下截面面积为 4m² 、长为 3m 的某物体的电阻。现把此物体分成图 3.18 所示的多个截面面积为 1m² 、长为 1m 的立方体。每个立方体的电阻和电阻率相同,这样就可以认为相当于并联 4 个、串联 3 个阻值为 ρ 的电阻,则总电阻为

$$R = \frac{3}{4}\rho \ (\Omega)$$

一般情况下,截面积为 $S(m^2)$ 、长度为 $l(m)$ 、电阻率为 $\rho(\Omega \cdot m)$ 的电阻 R 为

$$R = \rho \frac{l}{S} \ (\Omega)$$

即电阻与长度 l 成正比,而与截面积 S 成反比。

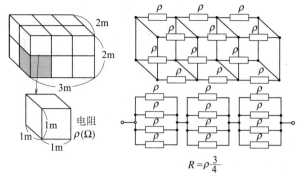

$$R=\rho\frac{3}{4}$$

图 3.18　电阻计算的思考方法

知识点3　计算导线电阻

若截面积 $S(\mathrm{m^2})$、长度 $l(\mathrm{m})$ 和电阻率已知,则可计算导线电阻。

技能训练

截面积为 $5\mathrm{mm^2}$、长 $100\mathrm{m}$ 的铜线电阻为多少?

解:已知 $1\mathrm{mm^2}=10^{-6}\mathrm{m^2}$, $S=5\mathrm{mm^2}=5\times10^{-6}\mathrm{m^2}$, $l=100\mathrm{m}$。

铜的电阻率为

$$\rho=1.72\times10^{-8}\Omega\cdot\mathrm{m}, R=\rho\frac{l}{S}=1.72\times10^{-8}\times\frac{100}{5\times10^{-6}}=0.344\ (\Omega)$$

3.7　电阻器

知识点1　电阻器的作用

电阻器用于在电路中加入电阻。它的使用目的分为 3 种,电流调整、电压调整和作为负载电阻,见表 3.1。

表 3.1 电阻器的作用

电流调整	电压调整	负 载
$I = \dfrac{V}{R}$ $\qquad$ $\dfrac{I_1}{I_2} = \dfrac{R_2}{R_1}$	$\dfrac{V_1}{V_2} = \dfrac{R_1}{R_2}$	发 热

知识点2　电阻器的分类

电阻器的分类方法有多种,下面列举几种。

① 按电阻值是否可变分类(图 3.19)。

· 固定电阻器:电阻值固定不变。

· 可变电阻器:电阻值可以变化。

② 按电阻材料分类。

· 金属类:以铬、镍等金属作为材料。

· 碳类:以碳及碳与其他物质的混合物作为材料。

③ 按电阻材料的形状分类。

· 线绕式:将电阻材料作成细线,绕在绝缘物上;薄膜式。

· 在瓷表面上作一层电阻材料的薄膜。

· 合成式:微细碳粉末和酚醛树脂混合并成型。

知识点3　固定电阻器的制作和结构

固定电阻器主要包括碳膜固定电阻器、线绕式电阻器和合成电阻器,它们的制作和结构如图 3.20、图 3.21、图 3.22 所示。

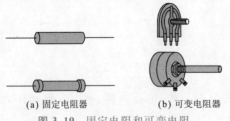

(a) 固定电阻器　　　　(b) 可变电阻器

图 3.19　固定电阻和可变电阻

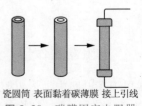

瓷圆筒　表面黏着碳薄膜　接上引线

图 3.20　碳膜固定电阻器

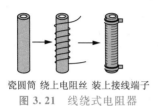

瓷圆筒　绕上电阻丝　装上接线端子

图 3.21　线绕式电阻器

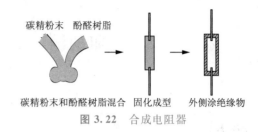

碳精粉末　酚醛树脂

碳精粉末和酚醛树脂混合　固化成型　外侧涂绝缘物

图 3.22　合成电阻器

知识点4　色标的读法

用颜色表示的色标如图 3.23 所示。

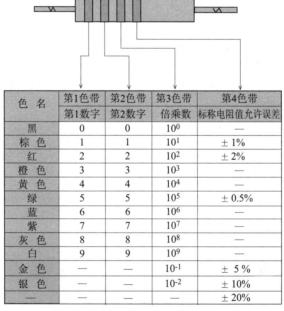

色　名	第1色带	第2色带	第3色带	第4色带
	第1数字	第2数字	倍乘数	标称电阻值允许误差
黑	0	0	10^0	—
棕 色	1	1	10^1	± 1%
红	2	2	10^2	± 2%
橙 色	3	3	10^3	—
黄 色	4	4	10^4	—
绿	5	5	10^5	± 0.5%
蓝	6	6	10^6	—
紫	7	7	10^7	—
灰 色	8	8	10^8	—
白	9	9	10^9	—
金 色	—	—	10^{-1}	± 5 %
银 色	—	—	10^{-2}	± 10%
—	—	—	—	± 20%

图 3.23　色　标

电阻器上标有电阻值及其允许误差。大型的用数字表示,小型的用颜色表示。第 1 色带和第 2 色带分别表示以 Ω 为单位的标称电阻值的第 1 位数和第 2 位数,第 3 色带为倍乘数(10 的幂数),第 4 色带表示标称电阻值的允许误差(公差)。

3.8 电阻的测量

知识点1   电阻的测量方法

根据电阻值的大小和测量精确度的要求,有多种测量电阻的方法。本章对测量中等阻值 (1Ω~1MΩ)电阻的欧姆计法和电压、电流表法进行说明。

知识点2   欧姆计法

欧姆计法能够简单直接地测出电阻值。欧姆计装在万用电表中,其原理如图 3.24 所示。电流表、电池和内部电阻 R 串联。当测量接线柱 $\oplus$ 和 $\ominus$ 被短接时,表针指到最大刻度。当接入与 R 值相同的电阻 R_x 时,电路中总电阻值变为 $2R$,电流将变为原来的 $\frac{1}{2}$,表针此时应指在刻度板的中央。接上电阻 R_x 时,流过的电流为

$$I=\frac{V}{R+R_x}$$

即电流随 R_x 而变。因此,将对应的电流标为 R_x 值的刻度,就可直接读出被测电阻值。

知识点3   电压、电流表法

电压、电流表法是用电压表测量电阻两端电压,用电流表测量电阻中电流,根据欧姆定律计算出电阻值。电压表和电流表的接线方法如图 3.25 所示。

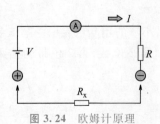

图 3.24 欧姆计原理

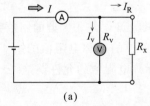

(a)

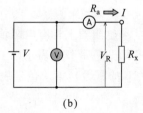

(b)

图 3.25 电压、电流表法

图 3.25(a)中,因电压表中也流过电流 I_v,电流表指示的 I 和电阻 R_x 中的电流 I_R 不同,设电压表指示为 V,电压表内阻为 R_v,则

$$I_R = I - I_v = I - \frac{V}{R_v}$$

$$R_x = \frac{V}{I_R} = \frac{V}{I - \dfrac{V}{R_v}}$$

若 $I \gg \dfrac{V}{R_v}$,即 $R_v \gg R_x$,则 $R_x \approx \dfrac{V}{I}$。

图 3.25(b)中,电流表中有内阻 R_a,此内阻会引起电压降,因此电压表指示 V 和加在 R_x 上的电压 V_R 不同。

$$V_R = V - IR_a$$

$$R_x = \frac{V_R}{I} = \frac{V - IR_a}{I} = \frac{V}{I} - R_a$$

若 $\dfrac{V}{I} \gg R_a$,即 $R_x \gg R_a$,则 $R_x \approx \dfrac{V}{I}$。

交流电路

课前导读

　　由周期性交变电源激励的、处于稳态下的线性时不变电路叫做交流电路。本章主要介绍交流电路与直流电路的不同之处，正弦交流的产生及正弦交流电的表示方法，交流电路中的相位等物理信息。详细介绍了交流功率和功率因数的计算方法等。

　　理解交流电路的特点；掌握正弦交流电的表示方法及交流电路中相位、交流功率、功率因数等重要物理量的计算方法。

学习目标

4.1 直流与交流的比较

知识点1 直流与交流的性质

若用示波器观测该直流与交流的波形,可得图 4.1(a)与图 4.1(b)所示完全不同的波形。直流的大小相对于时间是恒定的,方向也不改变。如果以干电池而言,它的极性(正端与负端)是不变的,因而直流电方向也不变。而交流则与此不同,其大小及方向随时间作周期性变化,与直流相比,其变化比较复杂。所谓方向变化也就是表示极性的变化。交流的变化比较复杂,只有灵活利用其特性,才能很好地应用各种电路及现象。这应该在学习交流的过程中不断地加以理解和掌握。

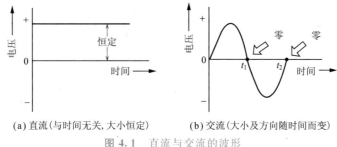

(a) 直流(与时间无关,大小恒定)　　(b) 交流(大小及方向随时间而变)

图 4.1 直流与交流的波形

知识点2 交流波形的正负与零

从干电池可知,直流电的正负极性是固定的。而交流电则与此不同,其大小随时间而变化,而且极性也随时间而变化,即具有正负极性随时间而交替的性质。再有,极性由正变为负及由负变为正时,在正与负的交替处应该为零,在图 4.1 的交流波形中 t_1 及 t_2 所示的即为过零点。送到我们家中的交流电也应该是这样变化的,下面以荧光灯的点灯状态为例来看交流电的变化情况。

荧光灯发出的光如图 4.2 所示,在 i_1 及 i_3 时发光,在 i_2 及 i_4 时熄灭,即荧光灯要产生闪烁。这可以将手靠近荧光灯,然后左右摆动手来证明,这时可看见有若干个手指。从这个实验还可知道,当闪烁与摆动的快慢满足一定关系时,就可看成静止状态。但是用该交流电作为电源的荧光灯仍可广泛用作一般照明。那是因为,人眼即使非常精巧,但若 1 秒钟闪烁

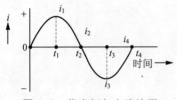

图 4.2 荧光灯与电流波形

100 多次,则由于存在余晖现象,仍感觉到像用同样的亮度点灯一样。因此理论上是按交流波形不断亮灭,而实际上是作为亮度与时间无关的光源使用。电影与电视同样存在这种闪烁与人眼的关系。银幕上放映的电影若静止来看是一张张画面,与幻灯片一样放映的是一幅幅静止的图像。若使该静止图像一点一点变化,利用人眼不能跟随快速运动的现象,即利用视觉滞留作用,看起来就像连续的画面一样,这就是电影的画面。电视的情况是在显像管屏幕上从左上至右下(正好像读横排的书本一样)利用光的明暗生成画面,以每秒钟 60 幅的速度显示。这样利用视觉滞留作用,看起来就像连续的画面一样。与电影的不同点仅在于,电视画面在时间静止时,画面是以非常小的光点来表示明暗的。

知识点3　　直流与交流的电源符号

由于直流与交流的波形有很大不同,因此电源符号如图 4.3 所示。

直流由于大小及方向不随时间而变,所以使用大写字母表示,电压用 E 表示,电流用 I 表示。电源方向一般用箭头表示,电流方向与该箭头方向相同。而交流由于电压及电流的大小和方向随时间而变,因此使用小写字母,电压用 e 表示,电流用 i 表示。

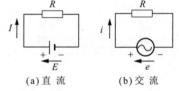

(a) 直流　　(b) 交流

图 4.3 直流与交流的电源符号

4.2　正弦交流的产生

知识点1　　均匀磁场中线圈的移动

将绕成线圈状的导体置于均匀磁场中,在线圈两端连接检流计。现在若用手将线圈左右摆动,则检流计的指针以零刻度位置作为中点左右摆动。若线圈快速摆动,则指针摆动加大,若慢慢摆动,则指针振幅减小。若线圈上下运动或静止,则指针均不摆动。磁极间沿 N→S 的方向有磁通通过,若导体不切割磁通,则不产生电动势。根据已经学习过的弗莱明右手定则说明的发电机原理可以知道,由于在经过检流计的闭合电路中产生了电动势,因此有电流流过,使指针摆动。要使该摆动一直持续,只有始终使线圈移动,发电机就是应用了这一原理,如图 4.4 所示。

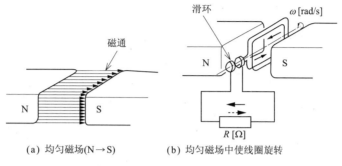

(a) 均匀磁场(N→S)   (b) 均匀磁场中使线圈旋转

图 4.4 均匀磁场及线圈

众所周知,我们家庭及工厂使用的交流电是使发电厂的发电机运转而产生,即是将发电机与利用水力的水轮机或利用蒸汽的涡轮机等同轴安装,使发电机旋转而发电。

 知识点2   交流的产生

将线圈置于均匀磁场内,若以某一定速度旋转,则会产生什么样的电压?

当流过线圈的电流方向改变时,如图 4.5 所示,将线圈的 a 边和 b 边置于磁极之间,使其旋转切割磁通,这样在线圈导体中流过电流,下面用弗莱明右手定则来求该电流的方向。

在 XY 轴的左半边,流过线圈的电流方向如中指所指方向,是从纸里向外(用符号⊙)流,而相反在右半边,是从外向纸里(用符号⊗)流。另外,线圈反时针方向旋转 $180°$,仍然相同。但是就线圈的导体 a 及 b 来讲,流过导体 b 的电流方向从⊙→⊗,而流过导体 a 的电流方向从⊗→⊙,方向发生变化。由此可知,以 XY 轴为界,流过线圈的电流反向。电流反向必然在中途有为零的时候。

这样,若线圈在均匀磁场中旋转 1 圈,考虑流过线圈导体的电流方向,则电流变化过程为 +→0→-→0。表 4.1 所示为线圈旋转 1 圈时的变化。

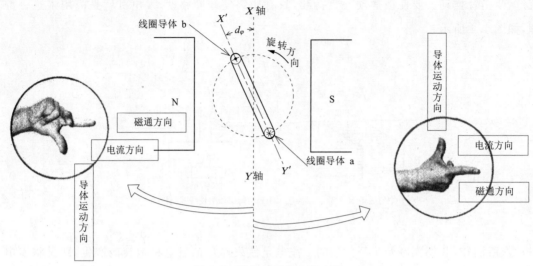

图 4.5　线圈位置与电流方向

表 4.1　流过线圈导体的电流方向（图 4:5 的状态）

线圈导体（b 边的位置）	XY 轴左侧	XY 轴上	XY 轴右侧
线圈导体 b 边	⊙	0	⊗
线圈导体 a 边	⊗	0	⊙

　　当流过线圈的电流大小改变时：前面已经学习了，在均匀磁场中导体垂直切割磁通将产生电动势。在图 4.5 中，旋转线圈的导体 a 及导体 b 不一定始终垂直切割从 N 极指向 S 极的磁通。

　　在图 4.6(a)所示瞬间，导体 a 及导体 b 如箭头所示，一个向上，一个向下，但都可看成垂直于磁通运动。由于垂直切割磁通，因此产生的电动势最大，电流也是最大。

　　而图 4.6(b)则与图 4.6(a)不同，导体 a 及导体 b 一个向左，一个向右，可看成是水平运动，因而导体 a 及导体 b 垂直切割磁通的分量为零，所以电流也应该为零。

　　这样当线圈以一定速度旋转时，虽然导体 a 及导体 b 的线速度相同，但相对于磁通方向（N→S）都在变化，即导体 a 及导体 b 垂直切割磁通的分量因旋转角度（位置）而变化。所以，产生的电动势大小也因线圈位置而变化，电流也同样发生变化。

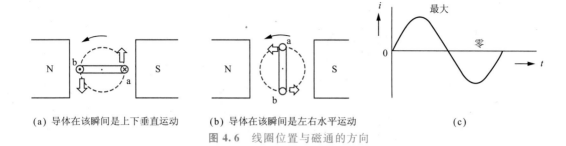

(a) 导体在该瞬间是上下垂直运动　(b) 导体在该瞬间是左右水平运动　(c)

图 4.6　线圈位置与磁通的方向

　电动势的表示方法

图 4.7 所示为线圈导体从 XY 轴旋转 φ 角时的位置。这时导体相对于磁通方向 N→S 是斜向切割。由于电动势与导体垂直切割磁通的分量与电动势成正比,因此在这种情况下,电动势与 $\sin\varphi$ 的值成正比,所以电动势 e 的大小为

$$e = E_m \sin\varphi \quad \text{(V)} \tag{4.1}$$

式中,E_m 为最大值,取决于线圈的大小、匝数、转速、NS 间的磁通密度等。

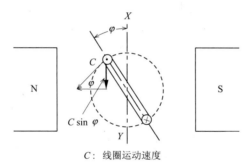

C：线圈运动速度

图 4.7　线圈垂直切割磁通的分量为 sin 函数

　正弦交流

图 4.8 示出了正弦交流产生的全过程。

式(4.1)的交流为按 sin 函数而变化的波形,由于与数学上学习过的正弦波曲线一致,因此称为正弦交流如图 4.9 所示。

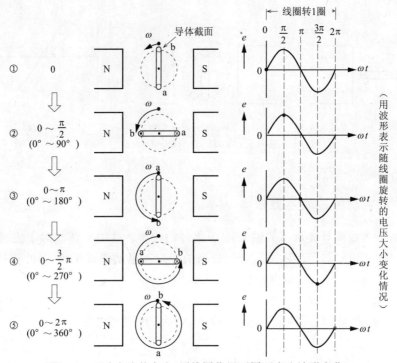

图 4.8 正弦交流的产生（因线圈位置不同而产生波形变化）

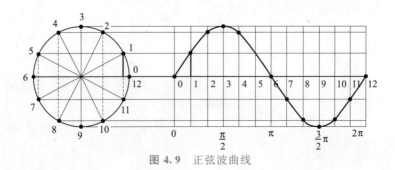

图 4.9 正弦波曲线

 知识点 5 **正弦波以外的波形**

图 4.10 所示为若干个正弦波以外的波形。

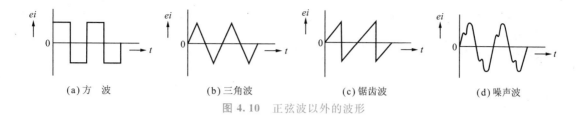

(a) 方　波　　　　　(b) 三角波　　　　　(c) 锯齿波　　　　　(d) 噪声波

图 4.10　正弦波以外的波形

知识点6　　速度与角速度

平面上的速度是用单位时间前进的距离来表示的,但如图 4.11(a) 所示以 O 为中心进行圆周运动的线圈导体 a 及 b 还是以每秒钟前进几度来表示速度比较方便。角度可以用度表示,也可以用弧度(单位符号为 rad)表示。

这样,1 秒钟旋转的角度称为角速度,一般用 $\omega(\text{rad/s})$ 表示。

如图 4.11(b) 所示,当半径 r 与圆弧 l 的长度相等时,弧度为 1rad。也就是说,将圆周按半径来分割。因而,设旋转体旋转 1 周,其弧度为

$$\frac{2\pi r(圆周长)}{r(半径)} = 2\pi \quad (\text{rad})$$

若以每秒 n 转的恒定速度旋转,则角速度为

$$\omega = 2\pi n \quad (\text{rad/s}) \tag{4.2}$$

在由一对 N 极与 S 极形成的均匀磁场中,使线圈导体旋转产生的交流是线圈导体每旋转 1 周而重复变化一次,因而每秒变化数与其转速一致。这样应该可以用频率(将在后述)f 置换式(4.2)的转速 n,角速度可表示为

$$\omega = 2\pi f \quad (\text{rad/s})$$

表 4.2 所示为弧度与度的关系,在有关电的计算中,多采用弧度来表示角度,这是因为其表示方便、容易记忆且计算简单。

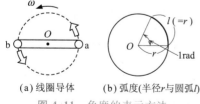

(a) 线圈导体　　　(b) 弧度(半径 r 与圆弧 l)

图 4.11　角度的表示方法

表 4.2　弧度与度

弧　度	2π	π	$\dfrac{2}{3}\pi$	$\dfrac{\pi}{2}$	$\dfrac{\pi}{3}$	$\dfrac{\pi}{4}$	$\dfrac{\pi}{6}$
度	360	180	120	90	60	45	30

4.3　正弦交流电的表示方法

所谓有效值是指用直流与交流电源将同样的白炽灯泡点亮,并使其照度相同,如图 4.12 所示。这时的波形如表 4.3 所示,交流的最大值为 1.41A。但是,不是用 1.41A 表示该交流,而因为与 1A 的直流做了同样的功,因此用 1A 表示,这称为有效值。

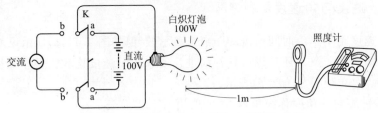

图 4.12　用直流及交流电源使白炽灯泡点灯

表 4.3　白炽灯泡的点灯数据

	将开关 K 倒向 aa′侧(直流电源)	将开关 K 倒向 bb′侧(交流电源)
同样照度	照度 100lx　　1m	
功	如果照度相同,则直流与交流做同样的功	
波形	1.41A　1.41A	1A

无论交流还是直流,做相同的功就用同样大小来表示。这样有效值定义的表达方法虽然稍微复杂了一点,但是,用有效值来处理及计算交流可以与直流的情况相同,因此是非常方便的。

　知识点1　频率与周期

由于交流的大小及方向都随时间而变,因此不能像直流那样简单地表示。它有各种表示方法。一种是用波形来描绘其变化情况,横轴为时间,纵轴表示大小及方向。波形不适宜用它直接进行电路计算,也不适宜画成图形符号,但随时间变化的情况却能一目了然。

在图 4.13 所示的波形中,重复变化一次的时间称为周期(符号为 T),单位用秒(s)表示,另外,单位时间(1s)重复变化的次数称为频率(符号 f),单位用赫兹(Hz)表示。f 与 T 之间有下列关系:

$$f = \frac{1}{T} \quad (\text{Hz}), T = \frac{1}{f} \quad (\text{s})$$

图 4.13 中的频率,由于 1s 重复变化两次,因此为 2Hz,而周期为 0.5s。表 4.4 所示为一些频率的例子。

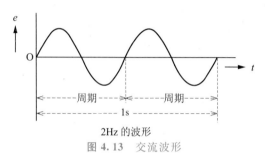

2Hz 的波形

图 4.13 交流波形

表 4.4 频率举例

频率种类	频率
声 音	$20 \sim 20000$Hz
工 频①	$50/60$Hz
无线电波(中波)	$535 \sim 1605$kHz
电视电波(VHF)	$90 \sim 222$MHz

① 家庭及工厂等使用的交流频率。

知识点2 瞬时值与最大值

如前述波形所示,交流的大小随时间而变化。某瞬间所具有的大小称为瞬时值。例如,在图 4.14 中,$e_0 \sim e_8$ 为瞬时值,是使时间处于静止状态而显示的大小。由于横轴的时间是任意无穷多的数,因此瞬时值也存在无数个,波形可以说是该无数个瞬时值连接而成的。最大值是该瞬时值中最大的值。在正弦交流电的 1/2 周期中,必定有一个最大值。

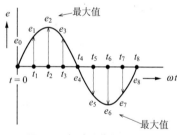

图 4.14 瞬时值与最大值

知识点3 平均值

表示交流大小的一个方法是用平均值。若将交流波形对一个周期进行平均,由于各半周期的波形大小相等,因此这样平均的结果为零。所以可以考虑对 1/2 周期求平均值。若近似求平均值,则如图 4.15 所示($\sin 10° = 0.1736, \sin 30° = 0.5$ 等)。

平均值与最大值的关系如下所示:

$$E_{\text{av}} = \frac{2}{\pi} E_{\text{m}} = 0.637 E_{\text{m}} \quad (\text{V}) \, , \, I_{\text{av}} = \frac{2}{\pi} I_{\text{m}} = 0.637 I_{\text{m}} \quad (\text{A})$$

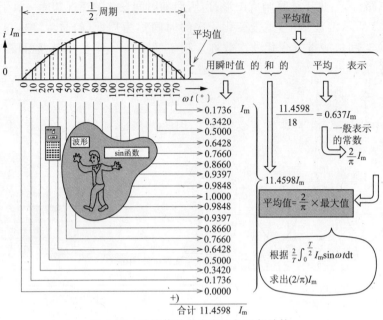

图 4.15 平均值的考虑方法与近似计算

 知识点4   一般用有效值表示电压及电流

　　例如,我们家庭的交流电压为 220 V,流过的电流为 20 A 等,这些都是用有效值表示的。若用有效值表示,则交流的处理及计算与前面学习过的直流情况相同,因此一般在交流中用有效值表示电压及电流。同样时间内电阻 $R(\Omega)$ 产生的热量,直流及交流都相同,有效值是根据实际效果为基础来考虑的,如图 4.16 所示。

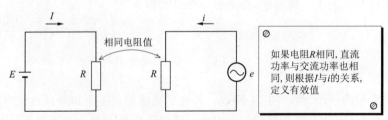

图 4.16 直流与交流的功率及有效值

现介绍有效值的考虑方法:

直流功率　　　$P_{DC} = I^2 R$ 　　　　　　（W）　　　　　　　　　　　　　（4.3）

交流功率　　　$P_{AC} = (i^2 R \text{ 的平均值})(\text{W})$　　　　　　　　　　　　　　（4.4）

令式(4.3)及式(4.4)的右边相等,求得电流 $I = \sqrt{i^2\,\text{的平均}}$(A)。

有效值的考虑方法与近似计算如图4.17所示。

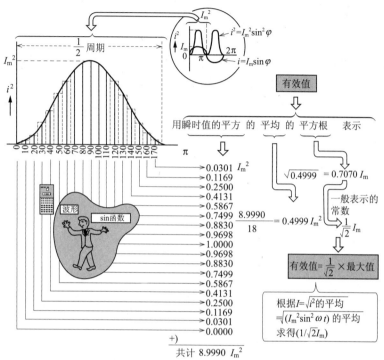

图 4.17 有效值的考虑方法与近似计算

有效值与最大值的关系如下所示:

$$\begin{cases} E = \dfrac{1}{\sqrt{2}}E_{\mathrm{m}} = 0.707E_{\mathrm{m}} \quad \text{(V)} \\[2mm] I = \dfrac{1}{\sqrt{2}}I_{\mathrm{m}} = 0.707I_{\mathrm{m}} \quad \text{(A)} \end{cases}$$

有效值是对一个周期进行定义的,但如图4.17的小圆内所示的那样,是相同波形重复,因此可对1/2周期进行近似计算,则如图4.17所示。

 知识点5   角频率与电角度

利用一对NS极产生的正弦交流电,线圈旋转一周重复变化一次,即每秒钟重复变化的次数与线圈的转速一致,因此可以表示如下,这也称为角频率。

$$\omega = 2\pi f \quad (\text{rad/s})$$

　　下面来研究一下该角频率与磁极数的关系。图 4.18 中①是线圈旋转一圈与正弦交流电的变化次数一致,而如图 4.18 中②及③那样,若增加磁极数,则变为不一致。线圈物理上旋转一圈的角度称为空间角度,而交流电变化一周的角度称为电角度,若磁极数增加,则两者不一致。图 4.18 所示为它们的变化情况。

　　频率因磁极数不同而不同,在电气领域中,是以产生一次变化(一个周期)为基准规定为 $2\pi(\text{rad})$。因而,图 4.18 中③是①的频率的 3 倍,电角度为 $6\pi(\text{rad})$。

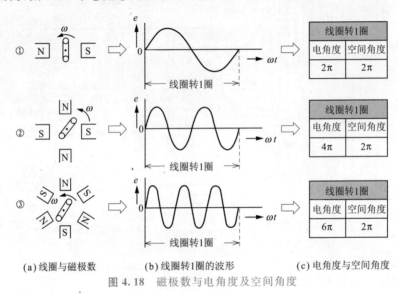

(a)线圈与磁极数　　　(b)线圈转1圈的波形　　　(c)电角度与空间角度

图 4.18　磁极数与电角度及空间角度

4.4　相　位

知识点1　　所谓相位

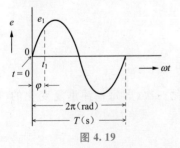

图 4.19

　　相位是表示周期运动中处于什么状态及位置的一个量。交流电压波形及电流波形也是随时间作周期性变化。图 4.19 中时间 t_1 的瞬间,波形处于什么样的位置,这就要用相位这一术语来表示。因而,相位是用距离某一起点($t=0$)的角度来表示,当然也可以用时间来表示,但一般由于用电角度表示比较方便,因此,用 φ 或 θ 等表示。

知识点2 e 与 i 的相位差

图 4.20 所示为电压 e 与电流 i 有时间差。该 e 与 i 的相位各不相同,将相位之差 φ 称为相位差。

在对两个以上交流进行比较时,其交流的频率必须相同。在图 4.20 中,任何位置(时间)的相位差 φ 总是一定的。如果频率不同,则相位差将随时间而变,就无法对其进行讨论了。

图 4.21 所示为 RC 串联电路的端电压波形,图 4.22 所示为两组线圈的波形。

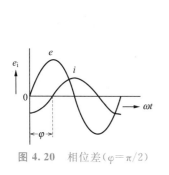

图 4.20 相位差($\varphi = \pi/2$)

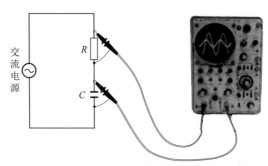

图 4.21 R 与 C 的端电压波形

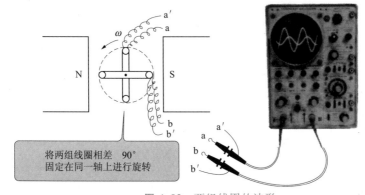

将两组线圈相差 90° 固定在同一轴上进行旋转

图 4.22 两组线圈的波形

知识点3 相位超前与滞后

一般在讨论超前及滞后时,取决于以什么为基准,其表现也不一样。即所取的基准不同,超前与滞后会反过来。相位的超前与滞后也相同,必须明确规定基准。相位的超前与滞后如图 4.23 所示,以时间轴为基准,来看波形的上升部分,处于左边为超前,处于右边为滞后。

知识点4　　瞬时表达式与相位

　　用瞬时表达式表示相位时,令时间 $t=0$ 来考虑比较容易懂。若这时为 $+\varphi$,即为超前,若这时为 $-\varphi$,即为滞后。

　　用瞬时表达式表示图 4.23(a)、图 4.23(b)、图 4.23(c)的波形,则如下所示:

　　以电压为基准　　$e=\sqrt{2}E\sin\omega t$　　(V)

　　图 4.23(a)的电流　$i=\sqrt{2}I\sin(\omega t-\varphi)$　(A)

　　图 4.23(b)的电流　$i=\sqrt{2}I\sin\omega t$　(A)

　　图 4.23(c)的电流　$i=\sqrt{2}I\sin(\underbrace{\omega t+\varphi}_{相位})$　(A)

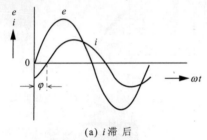

(a) i 滞 后

e超前于i相位角 φ(rad) (以i为基准)。
i滞后于e相位角 φ(rad) (以e为基准)。

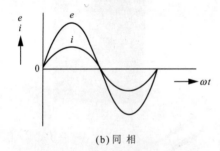

(b) 同 相

相位差为零称为同相,e与i在同一瞬间为零, 在同一瞬间为最大。

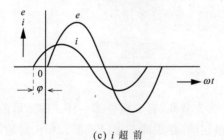

(c) i 超 前

i超前于e相位角 φ(rad) (以e为基准)。
e滞后于i相位角 φ(rad) (以i为基准)。

图 4.23　相位的表示方法

例如，来看 $t=0$ 时的 $i=\sqrt{2}I\sin(\omega t+\varphi)$ 所示的电流，则 ωt 这一项为零。这时上式为 $i=\sqrt{2}I\sin\varphi$，表示 $t=0$ 时 i 的值。$i=\sqrt{2}I\sin(\omega t-\varphi)$ 也一样，都是表示图 4.24(b) 的值。

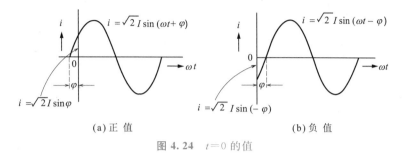

(a) 正　值　　　　　　　　(b) 负　值

图 4.24　$t=0$ 的值

4.5　阻碍交流电流的因素

　电阻与阻抗

直流电路中阻碍电流的元件是电阻，而在交流电路中，起到阻碍电流作用的除了电阻以外，还有电感与电容。图 4.25 所示即为这种情况。

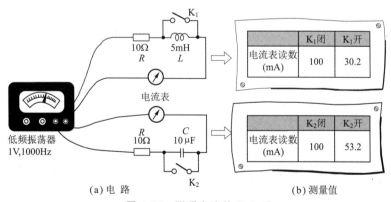

(a) 电　路　　　　　　　　(b) 测量值

图 4.25　阻碍电流的 R,L,C

将测量的电流加以比较，若将 K_1 及 K_2 闭合，即仅有电阻时，所示电流均为 100mA。但是，若将 K_1 及 K_2 断开，即接入电感 L 及电容 C，则电流减少为 30.2mA 及 53.2mA。由此可知，电感 L 及电容 C 也起到阻碍交流电流的作用。

这样,将阻碍交流电流的元件总称为阻抗,用符号 Z 表示,单位为欧姆[Ω]。

$$I = \frac{E}{Z} \quad (A)$$

Z 为阻抗,是电阻 R、电感 L 及电容 C 的总称。

下面研究交流电路基本组成的 R,L,C 对交流具有怎样的作用。

知识点2　纯电阻电路

若对纯电阻电路(图 4.26)加上 $e = E_m \sin\omega t (V)$ 的电压,则流过的电流如下所示:

$$i = \frac{e}{R}$$

$$= \frac{E_m \sin\omega t}{R}$$

$$= I_m \sin\omega t = \sqrt{2}I\sin\omega t$$

式中,$I = E/R$。

因而,电阻电路的电压与电流的关系与直流的情况完全相同。

大小关系　$I = \dfrac{E}{R}$(I、E 用有效值表示)

相位关系　电压与电流同相(图 4.27)

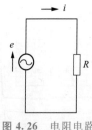

图 4.26　电阻电路

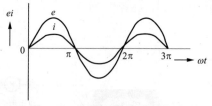

图 4.27　电阻电路的波形关系

知识点3　纯电感电路

在图 4.28 所示的电感电路中,若因电压作用而产生电流,由于自感的作用,在 L 中产生感应电动势 e_L。

$$e_L = -e = -L\frac{\Delta i}{\Delta t} \quad (V)$$

该 e_L 具有与电源电压 e 相反的极性,换句话说,具有能满足 $e_L = -e$ 的电流 i 流过。但是,由于电源电压 e 随时间而变化,因此 i 也随时间而变化,它们的关系如下所述(图 4.29)。

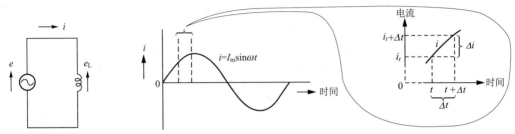

图 4.28　电感电路　　　　　　　　　图 4.29　电感电路的电流变化

流过自感 $L(\mathrm{H})$ 的电流若在 Δt 秒钟变化 Δi,则表示如下:

$$i_t + \Delta t = I_\mathrm{m}\sin\omega(t+\Delta t)$$

$$= I_\mathrm{m}(\sin\omega t\cos\omega\Delta t^{1)} + \cos\omega t\sin\omega\Delta t^{2)})$$

$$= I_\mathrm{m}\sin\omega t + I_\mathrm{m}\omega\Delta t\cos\omega t$$

由于电源电压 e 用 $L(\Delta i/\Delta t)$ 表示,因此,

$$e = L\frac{i_t + \Delta t - i_t}{\Delta t}$$

$$= L\frac{(I_\mathrm{m}\sin\omega t + I_\mathrm{m}\omega\Delta t\cos\omega t) - I_\mathrm{m}\sin\omega t}{\Delta t}$$

$$= L\frac{I_\mathrm{m}\omega\Delta t\cos\omega t}{\Delta t} = \omega L I_\mathrm{m}\cos\omega t = E_\mathrm{m}\sin\left(\omega t + \frac{\pi}{2}\right) = \sqrt{2}E\sin\left(\omega t + \frac{\pi}{2}\right)$$

式中, $E = \omega L I$。

上式是以电流为基准,若用有效值表示电感电路的电压与电流的关系,则如下所示:

大小关系　　　$I = \dfrac{E}{\omega L} = \dfrac{E}{2\pi f L}$　　（A）

相位关系　　　电流滞后于电压 $\pi/2$(图 4.30)

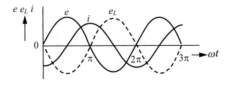

图 4.30　电感电路的波形关系

---

1)　若 Δt 非常小,则 $\cos\omega\Delta t \approx 1$。

2)　若 Δt 非常小,则 $\sin\omega\Delta t \approx \omega\Delta t$。

知识点4 **纯电容电路**

在图 4.31 所示的电容电路中,由于电压 e 的作用,在电容器 C 中储存有电荷 q。

$$q = C \times e = CE_m \sin \omega t \quad (C)$$

由于该电荷 q 与电压成正比,因此随时间而变化,而流过电路的电流 i 以 $\Delta q/\Delta t$ 的变化率表示。向电容器 $C(F)$ 移动的电荷,若在 Δt 秒钟变化 Δq,则电流 i 如下所示(图 4.32):

$$i = \frac{\Delta q}{\Delta t} = \frac{q_{t+\Delta t} - q_t}{\Delta t} = \frac{CE_m \sin \omega(t + \Delta t) - CE_m \sin \omega t}{\Delta t}$$

$$= CE_m \frac{(\sin \omega t \cos \omega \Delta t + \cos \omega t \sin \omega \Delta t) - \sin \omega t}{\Delta t}$$

$$= CE_m \omega \cos \omega t = \omega CE_m \sin(\omega t + \frac{\pi}{2}) = I_m \sin(\omega t + \frac{\pi}{2}) = \sqrt{2} I \sin(\omega t + \frac{\pi}{2})$$

式中,$I = \omega CE$。

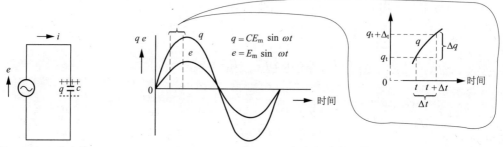

图 4.31 电容电路 　　　　　　　　　　　图 4.32 电容电路的电荷变化

上式是以电压为基准,若用有效值表示电容电路的电压与电流的关系,则如下所示:

大小关系 　　$I = \omega CE = \dfrac{E}{\dfrac{1}{\omega C}} = \dfrac{E}{\dfrac{1}{2\pi f C}}$ 　　（A）

相位关系 　　电流超前于电压 $\pi/2$（图 4.33）

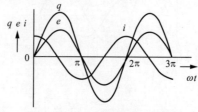

图 4.33 电容电路的波形关系

4.6 频率与电抗的关系

电抗在交流电路中也起到阻碍电流的作用,其大小随频率 f 而变化(图 4.34)。电抗有感抗 X_L 及容抗 X_C 两种。

感抗 $\quad X_L = \omega L = 2\pi f L(\Omega)$

容抗 $\quad X_C = \dfrac{1}{\omega C} = \dfrac{1}{2\pi f C}(\Omega)$

X_L 与 X_C 的相位关系正好相反(图 4.35)。因而,两者有 $180°$ 的相位差。

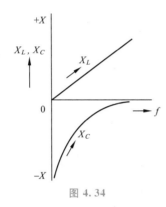

图 4.34

图 4.35 X_L 与 X_C 的相位关系

 知识点1 感抗与频率

若加上的电压为 E,则流过电感的电流 I 如下所示:

$$I = \frac{E}{\omega L} = \frac{E}{2\pi f L} \quad \text{(A)}$$

该式中的分母 $2\pi f L$ 起到阻碍电流的作用。这是交流中的电抗,称为感抗,用符号 X_L 表示。其单位与电阻相同,为欧姆(Ω)。

$$X_L = \omega L = 2\pi f L \quad (\Omega)$$

若电感量 $L(\mathrm{H})$ 一定,则感抗 X_L 将与电源频率成正比。

下面用表 4.5 及图 4.36 表示这一关系。

表 4.5 　X_L 与频率的关系举例($L=50\text{mH}$)

频率 f（Hz）	0	10	100	1000	10 000	100 000
感抗值 $X_L(\Omega)$	0	3.14	31.4	314	3 140	31 400

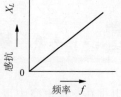

图 4.36 　X_L 的频率特性

由上述可知,感抗 X_L 具有与频率成正比增大的性质。在收音机或电视机等具有较高频率的电路中,即使电感量 L 的数值较小,X_L 仍起着较大的阻碍作用。

反之,低频电路的 X_L 较小,特别是当频率为零(看成直流)时,由表 4.5 可知,X_L 为零。

感抗 X_L 的频率特性具有的性质是,对于直流的感抗为零,对于交流的感抗与频率成正比,这种频率特性可灵活应用于许多场合。

 知识点2 　　容抗与频率

若加上的电压为 E,则流过电容器的电流 I 有下述的关系:

$$I = \frac{E}{\dfrac{1}{\omega C}} = \frac{E}{\dfrac{1}{2\pi fC}} \quad (\text{A})$$

该式中的分母 $1/(2\pi fC)$ 起到阻碍电流的作用。这也是交流中的电抗,称为容抗,用符号 X_C 表示。其单位与电阻相同,为欧姆(Ω)。

$$X_C = \frac{1}{\omega C} = \frac{1}{2\pi fC} \quad (\Omega)$$

若电容器的电容量 $C(\text{F})$ 一定,则容抗 X_C 将与电源频率成反比。下面用表 4.6 及图 4.37 表示这一关系。

表 4.6 　X_C 与频率的关系举例($C=1\mu\text{F}$)

频率 $f(\text{Hz})$	0	10	100	1000	10 000	100 000
容抗值 $X_C(\Omega)$	∞	15920	1592	159.2	15.92	1.592

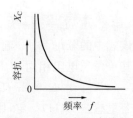

图 4.37 　X_C 的频率特性

由上可知,容抗 X_C 的值与频率成反比变化。在收音机或电视机等具有较高频率的电路中,相对交流的电抗较小。

　　反之,低频电路的 X_C 较大,特别是对于频率为零(看成直流)的电源,由表 4.6 可知,容抗为无穷大。

　　容抗 X_C 的频率特性具有的性质是,对于直流的容抗为无穷大,而频率越高,容抗值越小,这种频率特性可灵活应用于许多场合。

 知识点3　　　电抗与相位

　　感抗 X_L 与容抗 X_C 的值随频率而改变,另外,如纯电感 L 及纯电容 C 的电路所示,其相位还不一样。在图 4.38 中,若以电压 $\dot{E}$ 为基准,则 $\dot{I}_L$ 与 $\dot{I}_C$ 分别具有 $\pi/2$ 的相位差,因此正好相互相差 180°。用复数来表示包含相位关系的表达式比较方便,这种方法称为符号法,即可以利用 j 的符号来表示相位关系。

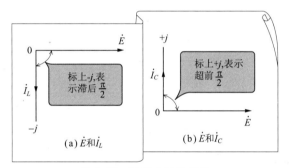

图 4.38　电抗电路的相位

　　若利用该符号法来表示 $\dot{I}_L$ 及 $\dot{I}_C$,则如下所示:

$$\begin{cases} \dot{I}_L = \dfrac{\dot{E}}{jX_L} = \dfrac{\dot{E} \times j}{jX_L \times j} = -j\dfrac{\dot{E}}{X_L} \quad (A) \\[3mm] \dot{I}_C = \dfrac{\dot{E}}{-jX_C} = \dfrac{\dot{E}(j)}{-jX_C(j)} = j\dfrac{\dot{E}}{X_C} \quad (A) \end{cases} \qquad (4.1)$$

　　这样一来,因为用 $-j$ 表示滞后 $\pi/2$,用 $+j$ 表示超前 $\pi/2$,所以计算非常方便。另外,若 X_L 及 X_C 用下面的形式表示,则也包含了相位关系。

　　　　感抗　　　　$\dot{X}_L = j\omega L = j2\pi f L \quad (\Omega)$

　　　　容抗　　　　$\dot{X}_C = -j\dfrac{1}{\omega C} = -j\dfrac{1}{2\pi f C} \quad (\Omega)$

4.7　交流功率与功率因数

知识点1　*RL* 电路的功率

直流电路的功率用电压与电流的乘积 EI 来表示。交流电路的电压与电流虽随时间而变,但瞬时功率 p 也是用电压与电流的乘积 ei 来表示。图 4.39(b)表示了这一关系,该瞬时功率在 1 个周期中的平均值即为功率 P,单位用瓦特(W)表示。下面来求 *RL* 电路的功率,设 $e=\sqrt{2}E\sin \omega t(\mathrm{V}),i=\sqrt{2}I\sin(\omega t-\varphi)(\mathrm{A})$,则瞬时功率 p 为

$$
\begin{aligned}
p &= ei = \sqrt{2}E\sin \omega t \cdot \sqrt{2}I\sin(\omega t-\varphi) \\
&= 2EI\sin \omega t \cdot \sin(\omega t-\varphi)^{1)} \\
&= 2EI\times 1/2\left[\cos(\omega t-\omega t+\varphi)-\cos(\omega t+\omega t-\varphi)\right] \\
&= EI\cos \varphi - EI\cos(2\omega t-\varphi)
\end{aligned}
$$

由于功率 P 为 p 的平均值,因此,

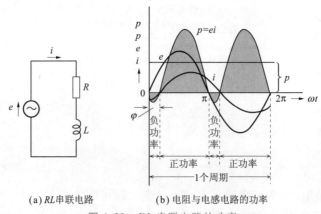

(a) *RL* 串联电路　　　(b) 电阻与电感电路的功率

图 4.39　*RL* 串联电路的功率

---

1) 按照三角函数的和差与积关系公式:

$$
\sin \alpha\sin \beta = \frac{1}{2}\left[\cos(\alpha-\beta)-\cos(\alpha+\beta)\right] \qquad (\alpha\to\omega t, \beta\to\omega t-\varphi)
$$

$$P = p \text{ 的平均} = EI\cos\varphi \text{ 的平均} - EI\cos(2\omega t - \varphi) \text{ 的平均}$$

$$\underset{\longrightarrow EI\cos\varphi}{} \qquad \underset{\longrightarrow 0}{}$$

$$= EI\cos\varphi \quad (\text{W}) \tag{4.6}$$

上式第 2 项即 $EI\cos(2\omega t - \varphi)$ 是最大值为 EI、按电源频率的 2 倍频率变化且相位滞后 φ 的余弦波形,其平均值为零。图 4.40 所示为功率的计算式。

交流电路功率
$$P = E \times I \times \cos\varphi \quad (\text{W})$$

直流电路功率
$$P = E \times I \quad (\text{W})$$

交流与直流功率的计算公式稍微有一点不一样啊

图 4.40 功率的计算式

知识点2　　L 及 C 不消耗功率

图 4.41 所示为纯电感及纯电容电路的电压 e、电流 i 及瞬时功率 p 的波形。图 4.41 中,当电压 e 与电流 i 的相位差为 $\pi/2$ 时,ei 的乘积 p 每隔 1/4 周期分别为正功率①、②及负功率③、④。

什么是正功率? 什么是负功率? 一般所谓功率,当然是指消耗掉发电厂产生的功率,故不特别强调正功率,而仅仅简称为功率。这样所谓负功率,就与上相反,是指送给发电厂的功率。图 4.41 的波形中,③、④为负功率,是纯电感及纯电容电路中将①、②消耗的功率在下一个 1/4 周期内按同样数量送还给电源侧。这当然是 L 中产生的反电动势及 C 中储存的电荷所起的作用。因此,若将瞬时功率 p 加以平均,则功率 P 为零。所以说 L 及 C 不消耗功率[1]。

知识点3　　功率因数

交流功率用 $P = EI\cos\varphi$ 表示,即使视在功率 EI 一定,若 φ 变化,则功率也变化。φ 为电压与电流的相位差。因而,$\cos\varphi$ 表示 EI 产生功率的比例,称为功率因数。

---

1) 由于实际上总存在电阻部分,因此这是指理论上的纯电感及纯电容不消耗功率。

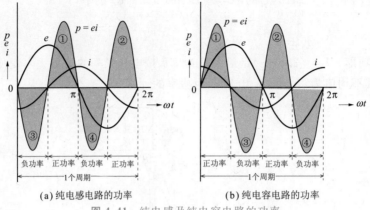

(a) 纯电感电路的功率　　　(b) 纯电容电路的功率

图 4.41　纯电感及纯电容电路的功率

$$功率因数 = \cos\varphi = \frac{P}{EI}$$

该功率因数的数值范围为 $\cos 0° = 1$ 及 $\cos 90° = 0$，即 $0 \sim 1$（表 4.7）。由于有小数点的数不方便，故一般将其扩大 100 倍，常用百分数（%）表示。

表 4.7　功率因数的大致范围

负载种类	功率因数	负载种类	功率因数
白炽灯泡	100	三相感应电动机	70～85
电取暖器	100	电风扇	65～85
彩色电视机	90～95	荧光灯	60～70
立体声收录机	90～95	交流电焊机	30～40

功率也随功率因数而变，该功率因数由电路的电压与电流的相位差决定。而相位差由电路的 R、L、C 决定，因此可得下列关系。现以 RL 串联电路为例加以说明。

$$功率因数 = \cos\varphi = \frac{R}{Z} = \frac{R}{\sqrt{R^2 + (\omega L)^2}}$$

知识点4　功率计算式

RL 串联电路的功率计算式 $P = EI\cos\varphi$ 可用表 4.8 中带括号的两种形式表示。另外，可知 $\dot{E} \times \dot{I}$ 不是功率。

表 4.8 功率计算式

功率计算式的两种方式	$P = E \times \underbrace{(I \cos \varphi)}$	$P = I \times \underbrace{(E \cos \varphi)}$
矢量图		
功率 $P = EI \cos \varphi$	功率是与电压同相的电流分量 $I \cos \varphi$ 与电压的乘积	功率是与电流同相的电压分量 $E \cos \varphi$ 与电流的乘积
结 论	EI 的乘积不是功率(参照矢量图)	

三相交流电路

课前导读

由三相交流电源供电的电路叫做三相交流电路，简称三相电路。三相交流电源是指能够提供3个频率相同但相位不同的电压或电流的电源，其中最常用的是三相交流发电机。本章主要介绍三相交流电路的性质，讨论电流、电压和功率等的计算方法。

理解三相交流电的产生及应用；会计算三相交流电的电压与电流；掌握三相交流电路的连接方法；学习三相电动机的相关知识等。

学习目标

5.1　三相交流电路概述

知识点1　　三相交流电概述

三相交流电与单相交流电不同,流过 3 根导线的电流的频率相同,相位不同,3 线间电压的相位也不同。图 5.1 示出了三相交流电的 3 个电流的波形。从图中可以看出,三相交流电的各相的电流 i_a,i_b,i_c 的大小相等,频率相同,相位差互为 $2\pi/3$rad(120°)。

知识点2　　三相交流电的产生

一台发电机就可以产生三相交流电,主要依据通过固定绕组、旋转磁场产生单相交流电的原理。图 5.2(a)所示为三相交流发电机的结构示意图。如图所示,3 个绕组(A-A′,B-B′,C-C′)在空间位置上彼此相差 120°,旋转中间的转子时,每个绕组就会产生大小和频率相同、相位差互为 $2\pi/3$rad 的电动势,这就是三相交流电的产生,其波形如图 5.2(b)所示。

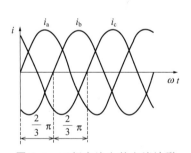

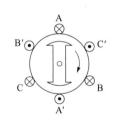

(a) 三相交流发电机绕组的配置

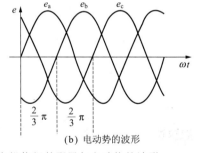

(b) 电动势的波形

图 5.1　三相交流电的电流波形　　图 5.2　三相交流发电机绕组的配置与电动势的波形

知识点3　　三相交流电的输电

3 个单相电路组合起来向外输电时,需要 6 根电线,如图 5.3(a)所示。将图 5.3(b)所示3 根回流线合并为成一根中线,如图 5.3(c)所示。如果各相的负载相等,那么,从各电源流出的电流的大小也相等,彼此间的相位差为 $2\pi/3$rad,3 个电流之和为 0。由于中线上没有电流通过,因此可省去中线,也就是说可以用 3 根线来连接 3 个单相电路,如图 5.3(d)所示。

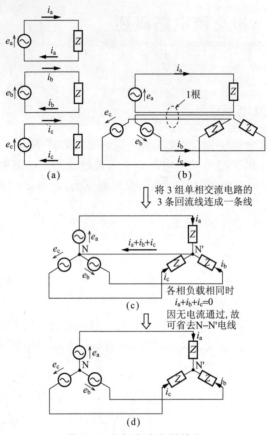

图 5.3 三相交流电的输电

 知识点4 三相交流电的电压与电流

图 5.4 所示是对称的三相交流电压的波形。从图中可以看出,任一时刻各电压瞬时值之和等于 0。以 a 相为参考相,由于各电压之间的相位差互为 $2\pi/3$rad,因此,各相电压瞬时值的表达式为

$$\begin{cases} e_a = \sqrt{2}E\sin\omega t \ (\text{V}) \\ e_b = \sqrt{2}E\sin\left(\omega t - \dfrac{2}{3}\pi\right) \ (\text{V}) \\ e_c = \sqrt{2}E\sin\left(\omega t - \dfrac{4}{3}\pi\right) \ (\text{V}) \end{cases} \tag{5.1}$$

其中,E 为有效值。

3 个电压之和为

$$e_a + e_b + e_c = 0 \qquad (5.2)$$

下面用相量图表示三相交流电的电压与电流,如图 5.5 所示。以 a 相的电压为参考电压,则各相电压的极坐标和直角坐标(复数)表示法如下所示,电流与电压的表示方法相同。

极坐标表示为

$$\begin{cases} \dot{E}_a = E\angle 0 \ (\text{V}) \\ \dot{E}_b = E\angle -\dfrac{2}{3}\pi \ (\text{V}) \\ \dot{E}_c = E\angle -\dfrac{4}{3}\pi \ (\text{V}) \end{cases} \qquad (5.3)$$

直角坐标表示为

$$\begin{cases} \dot{E}_a = E \ (\text{V}) \\ \dot{E}_b = E\left(-\dfrac{1}{2} - j\dfrac{\sqrt{3}}{2}\right) (\text{V}) \\ \dot{E}_c = E\left(-\dfrac{1}{2} + j\dfrac{\sqrt{3}}{2}\right) (\text{V}) \end{cases} \qquad (5.4)$$

电压相量之和为

$$\dot{E}_a + \dot{E}_b + \dot{E}_c = 0 \qquad (5.5)$$

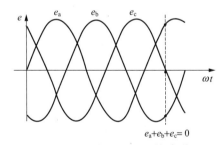

图 5.4　三相交流电压的波形

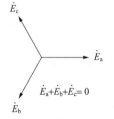

图 5.5　三相交流电压的相量图

知识点5　相　序

在图 5.4 中,当 3 个电动势达到最大值的先后顺序为 e_a,e_b,e_c 时,此三相交流电的相序为 a-b-c。

图 5.6 所示的三相交流电的波形与图 5.4 有所不同。图 5.6 中,e_c 先于 e_b 达到最大值,

因此其相序为 a-c-b。如图 5.7 所示,通过相量图比较图 5.4 与图 5.6 的交流电压,可以很清楚地看出它们相序上的不同。在运转三相电动机、三相变压器等时,相序非常重要。

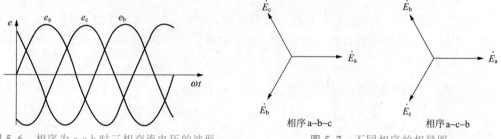

图 5.6 相序为 a-c-b 时三相交流电压的波形   图 5.7 不同相序的相量图

三相电动机的旋转方向取决于电源的相序。这是因为旋转磁场的方向是由相序决定的,如果电源的相序相反,则电动机的旋转方向也与原来相反。另外,当三相交流发电机或三相变压器并联运转时,如果它们的相序不同,就会发生短路现象,所以必须将相序调整成一致。

5.2 三相电路的连接

 知识点1 电源和负载的连接

1. 线电压与线电流

如图 5.8 所示,把电源和负载用 3 根电线连接时,电线间的电压称为线电压,流过电线的电流称为线电流。一般情况下,用线电压表示三相电路的电压。例如,三相 6kV 的配电线,就表示其线电压为 6kV。

各线电压之间和各线电流之间存在下列关系:

$$线电流 \quad \dot{I}_a + \dot{I}_b + \dot{I}_c = 0 \tag{5.6}$$

$$线间电压 \quad \dot{V}_{ab} + \dot{V}_{bc} + \dot{V}_{ca} = 0 \tag{5.7}$$

它们与电源或负载的连接方式无关。

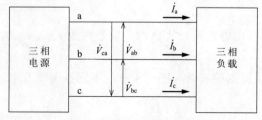

图 5.8 线电流和线电压

2. 三相电路的连接方法及相电压、相电流

把单相电路连接成三相电路时有两种连接方法,如图5.9所示。将3个末端连接在一起的方法叫做丫形连接或星形连接,N点叫做中性点,如图5.9(a)所示。把各相首尾依次相连,使其形成一个环状闭合回路,这种方式称为△形接法或三角形接法,如图5.9(b)所示。三相电路各相的电压叫做相电压,各相的电流叫做相电流。需要注意的是,在不同的连接方式中,相电流与线电流之间的关系也不同。

丫形接法与△形接法各有所长,我们要根据它们的优缺点,来选择合适的连接方式。丫形接法中,中性点可以接地,因此不仅可以防止一线接地发生故障时产生危险电压,也可以在接地发生故障时确保保护继电器正常工作,而且接地还有利于绝缘。因此,在高压时常使用丫形接法。△形接法的优点是,不会发生由三次谐波引起的故障。在变压器的励磁电流中,一般含有三次谐波的失真波,如果励磁电流中没有三次谐波,那么磁通就不会产生三次正弦波,而感应电动势也就不会含三次正弦波。在△形连接时因为三次谐波电流的各相相位相同,所以在△连接的连线中流过的电流是三次谐波的环形电流,从而消除了三次谐波的影响,使感应电动势为正弦波。另外,△形连接时,线电流是各单相变压器额定电流的$\sqrt{3}$倍,因此这种接法适合用于低电压、大电流的场合。不过,由于△形接法时没有中性点,所以如果要有中性点接地,就需要使用接地用变压器。

3. 对称三相电路和非对称三相电路

把大小相等、频率相同、相位差互为$2\pi/3$的三相交流电动势称为对称三相交流电动势。另外,如图5.9所示,各相阻抗相等的对称三相负载称为平衡三相负载。

三相电源是对称三相电动势的对称电源,负载是平衡三相负载,由这样的电源和负载连接起来的电路称为对称三相电路或平衡三相电路。电源不是对称电源、负载也不是对称负载的电路称为不对称三相电路或不平衡三相电路。

电源和负载的连接方式并不仅仅只有丫-丫、△-△接法。有时也会出现丫电源-△形负载或△电源-丫形负载的接法。

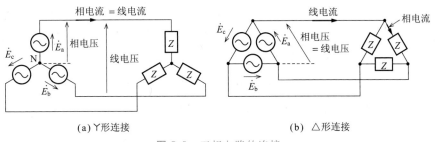

(a) 丫形连接　　　　　　　　　　　(b) △形连接

图5.9 三相电路的连接

知识点2   丫形接法

从图 5.10 可以看出，丫形接法时，线电流等于相电流。下面讨论相电压与线电压的关系。由图 5.11 可知，丫形连接时，线电压 $\dot{V}_{ab}$ 与相电压 $\dot{E}_a$，$\dot{E}_b$ 有如下关系：

$$\begin{cases} \dot{V}_{ab} = \dot{E}_a + (-\dot{E}_b) = \dot{E}_a - \dot{E}_b \\ \dot{V}_{bc} = \dot{E}_b - \dot{E}_c \\ \dot{E}_{ca} = \dot{E}_c - \dot{E}_a \end{cases} \tag{5.8}$$

丫形接法时，线电流与相电流相等，线电压 $\dot{V}_{ab}$，$\dot{V}_{bc}$，$\dot{V}_{ca}$ 是相电压 $\dot{E}_a$，$\dot{E}_b$，$\dot{E}_c$ 的 $\sqrt{3}$ 倍，在相位上超前相电压，用相量极坐标表示为

$$\begin{cases} \dot{E}_a = E \angle 0 \\ \dot{V}_{ab} = \sqrt{3} E \angle \pi/6 \end{cases} \tag{5.9}$$

其中，E 为相电压。

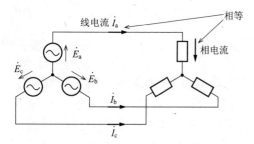

图 5.10 丫形接法时的线电流与相电流

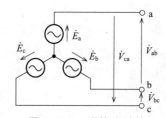

图 5.11 丫形接法时的
线电压与相电压

知识点3   △形接法

从图 5.12 可以看出，△形接法时，各电源的电压就是线电压，因此加在各负载上的电压也就是线电压。下面从负载端看相电流与线电流的关系。如图 5.13 所示，设流入 a 点的线电流为 $\dot{I}_a$，相电流为 $\dot{I}_{ab}$，$\dot{I}_{ca}$。对于 a 点，由基尔霍夫定律可知，线电流与相电流的关系为

$$\begin{cases} \dot{I}_a = \dot{I}_{ab} - \dot{I}_{ca} \\ \dot{I}_b = \dot{I}_{bc} - \dot{I}_{ab} \\ \dot{I}_c = \dot{I}_{ca} - \dot{I}_{bc} \end{cases} \tag{5.10}$$

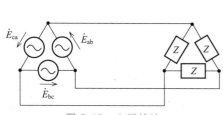

图 5.12 △形接法

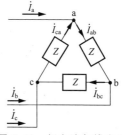

图 5.13 相电流与线电流

△形接法时线电压等于相电压,线电流 $\dot{I}_a$,$\dot{I}_b$,$\dot{I}_c$ 的大小是相电流 $\dot{I}_{ab}$,$\dot{I}_{bc}$,$\dot{I}_{ca}$ 的 $\sqrt{3}$ 倍,相位落后 $\pi/6\text{rad}$。

知识点4 V 形接法

当△形接法的电源提供的是对称三相交流电时,如果取掉其中的一相,剩下的两个电源仍能够提供三相交流电,如图 5.14 所示。把这种连接方式称为 V 形接法。那么,为何两个电源能够提供三相交流电呢? 从图 5.15 可知,线电压 $\dot{V}_{ab}$,$\dot{V}_{bc}$,$\dot{V}_{ca}$ 与相电压 $\dot{E}_{ab}$,$\dot{E}_{bc}$,$\dot{E}_{ca}$ 之间的关系为

$$\begin{cases} \dot{V}_{ab}=\dot{E}_{ab} \text{ (V)} \\ \dot{V}_{bc}=\dot{E}_{bc} \text{ (V)} \\ \dot{V}_{ca}=-(\dot{E}_{ab}+\dot{E}_{bc}) \text{ (V)} \end{cases} \tag{5.11}$$

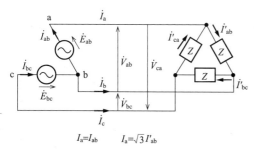

图 5.14 V 形连接

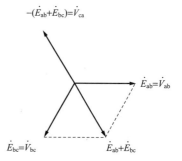

图 5.15 V 形接法的相量图

即使 c-a 间没有电源,但线电压 $\dot{V}_{ca}$ 仍然存在,并且三个线电压也是平衡三相电压,因此它能够提供三相交流电。

设线电流为 $\dot{I}_a$,$\dot{I}_b$,$\dot{I}_c$,电源的相电流为 $\dot{I}_{ab}$,$\dot{I}_{bc}$,则

$$\begin{cases} \dot{I}_{\mathrm{ab}} = \dot{I}_{\mathrm{a}} \\ \dot{I}_{\mathrm{bc}} = -\dot{I}_{\mathrm{c}} \end{cases} \tag{5.12}$$

V形接法时,电源的相电流与线电流大小相等,但是流过△形接法的负载中的相电流是线电流的 $1/\sqrt{3}$ 倍。因此,如果把 3 台容量为 P 的单相变压器以△形的方式连接起来,由于线电流是单相变压器额定电流(相电流)的 $\sqrt{3}$ 倍,所以可提供 $3P$ 的功率。而把两台单相变压器以 V 形方式连接时,最大线电流只能是变压器的额定电流,因此容量为 $2P$ 的设备所能提供的最大功率为 $\sqrt{3}P$。V形接法虽然有这样的缺点,但因其设置空间少,常常用在向小容量动力用负载供电的变压器的连接上。

5.3　对称三相电路的计算

知识点1　　电源与负载连接相同时电流的计算

1. Y-Y 形电路的线电流与相电流

三相电路是由三个单相电路组合在一起的,因此在计算线电流时,可以将其分解成三个单相电路。如图 5.16 所示,在 Y-Y 形电路中可以取出一个单相电路,用单相电路的计算方法求出相电流。a 相的相电流 $\dot{I}_{\mathrm{a}}$ 可由下式求得

$$\dot{I}_{\mathrm{a}} = \dot{E}_{\mathrm{a}} / Z \tag{5.13}$$

对称三相电路中,三相的相电流大小相等,彼此间的相位差为 $2\pi/3$,因此求出 a 相的电流后,就可计算出其他各项的相电流,它们分别为

$$\begin{cases} \dot{I}_{\mathrm{b}} = I_{\mathrm{a}} \angle (-2\pi/3) \\ \dot{I}_{\mathrm{c}} = I_{\mathrm{a}} \angle (-4\pi/3) \end{cases} \tag{5.14}$$

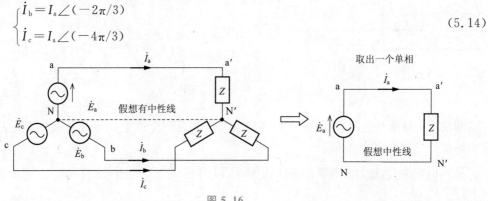

图 5.16

如果知道线电压,就可由线电压求出相电压。Y-Y形电路中的相电压是线电压的 $1/\sqrt{3}$,相位落后 $\pi/6$。

技能训练

在图 5.17 所示的平衡三相电路中,接上 $V=200\text{V}$ 的三相交流电压,求相电压与线电流($R=20\Omega,X_L=15\Omega$)。

解:因为负载是 Y 形接法,所以相电压是线电压的 $1/\sqrt{3}$ 倍,即

相电压 $=200/\sqrt{3}\approx115$ (V)

各相的阻抗大小为

$$Z=\sqrt{20^2+15^2}=25 \text{ (}\Omega\text{)}$$

Y 形接法时,线电流等于相电流,因此,

线电流 = 相电流 = 相电压$/Z=(200/\sqrt{3})/25\approx4.62$ (A)

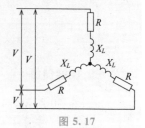

图 5.17

2. △-△电路的线电流与相电流

在△形连接的对称三相电路中,每个负载都接在电源上,因此如图 5.18 所示,可以直接将电路分解成三个单相电路,分别计算三个单相电路中的相电流,然后通过式(5.10)就可求出线电流。设各线电流为 $\dot{I}_a,\dot{I}_b,\dot{I}_c$,各相电流为 $\dot{I}_{ab},\dot{I}_{bc},\dot{I}_{ca}$。如图 5.18(b)所示,取出一个单相电路进行计算,则各相电流为

$$\begin{cases} \dot{I}_{ab}=\dot{V}_{ab}/Z \\ \dot{I}_{bc}=\dot{V}_{bc}/Z \\ \dot{I}_{ca}=\dot{V}_{ca}/Z \end{cases} \quad (5.15)$$

从图 5.19 所示的相电流与线电流的关系可知,线电流为

$$\begin{cases} \dot{I}_a=\dot{I}_{ab}-\dot{I}_{ca} \\ \dot{I}_b=\dot{I}_{bc}-\dot{I}_{ab} \\ \dot{I}_c=\dot{I}_{ca}-\dot{I}_{bc} \end{cases} \quad (5.16)$$

另外,若知道相电流的大小,那么相电流的 $\sqrt{3}$ 倍就是线电流的大小。

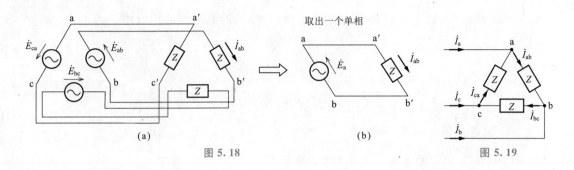

图 5.18

图 5.19

技能训练

如图 5.20 所示,负载阻抗 $Z = 40 + 30j$,为△形接法,给其接上一个大小为 200V 的对称三相电压,求相电流 I(A)和线电流 I_1(A)。

解:一相阻抗的大小为

$$Z = \sqrt{40^2 + 30^2} = 50 \quad (\Omega)$$

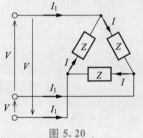

图 5.20

△形接法时,相电压等于线电压,因此,

相电流 $I = 200/50 = 4$ (A),

线电流 $I_1 = \sqrt{3}I = \sqrt{3} \times 4 = 6.93$ (A)

知识点2 电源与负载连接不同时电流的计算

电源与负载均为丫-丫或△-△形接法时,我们可以很容易地将电路分解成三个单相电路。如果电源与负载的连接方式不同,如图 5.21 所示,就不能用上述方法计算。首先要变换丫-△形接法,使电源与负载的连接方式相同,然后再通过丫-丫或△-△形接法的方法进行计算。

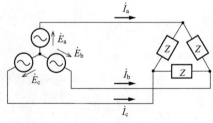

图 5.21 丫电源-△形负载的电路

1. 将△形接法的负载变换成丫形接法(△-丫变换)

如图 5.22 所示,为了使△形连接的负载与丫形连接的负载等效,就必须使各入端阻抗

相同。为使端子间的阻抗相同,下列式子必须成立:

$$
\begin{cases}
\text{端子 a-b 间} & Z_a + Z_b = \dfrac{Z_{ab}(Z_{bc} + Z_{ca})}{Z_{ab} + Z_{bc} + Z_{ca}} \cdots ① \\[3mm]
\text{b-c 间} & Z_b + Z_c = \dfrac{Z_{bc}(Z_{ab} + Z_{ca})}{Z_{ab} + Z_{bc} + Z_{ca}} \cdots ② \\[3mm]
\text{c-a 间} & Z_c + Z_a = \dfrac{Z_{ca}(Z_{bc} + Z_{ab})}{Z_{ab} + Z_{bc} + Z_{ca}} \cdots ③
\end{cases}
\tag{5.17}
$$

由(①+③-②)/2,可得

$$
\begin{cases}
Z_a = \dfrac{Z_{ab} Z_{ca}}{Z_{ab} + Z_{bc} + Z_{ca}} \\[3mm]
Z_b = \dfrac{Z_{ab} Z_{bc}}{Z_{ab} + Z_{bc} + Z_{ca}} \\[3mm]
Z_c = \dfrac{Z_{bc} Z_{ca}}{Z_{ab} + Z_{bc} + Z_{ca}}
\end{cases}
\tag{5.18}
$$

利用上述公式,就可以将△形接法的负载变换成与它等效的丫形接法的负载。

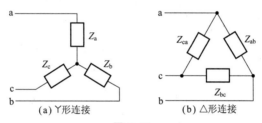

图 5.22

若负载是三相平衡负载,则

　　△形接法的负载 $Z_{ab} = Z_{bc} = Z_{ca} = Z_\triangle$

　　丫形接法的负载 $Z_a = Z_b = Z_c = Z_\curlyvee$

将以上的式子代入式(5.18),可得

$$
Z_\curlyvee = \frac{Z_\triangle}{3}
\tag{5.19}
$$

　　下面,将丫形连接的负载变换为△形连接的负载,由式(5.17)可知

$$
\begin{cases}
Z_{ab} = \dfrac{Z_a Z_b + Z_b Z_c + Z_c Z_a}{Z_c} \\[3mm]
Z_{bc} = \dfrac{Z_a Z_b + Z_b Z_c + Z_c Z_a}{Z_a} \\[3mm]
Z_{ca} = \dfrac{Z_a Z_b + Z_b Z_c + Z_c Z_a}{Z_b}
\end{cases}
\tag{5.20}
$$

若为三相平衡负载,则

$$Z_\triangle = 3 Z_Y \tag{5.21}$$

掌握了△形接法的负载变换为丫形接法的负载的方法后,我们来进行下面的计算。

2. 丫电源-△形负载电路的计算

计算图 5.21 所示的电源为丫形接法而负载为△形接法的电路中的线电流。如图5.23 所示,首先将△形负载变换成丫形负载,即变为丫形电源与丫形负载的形式,然后取出一个 单相进行计算,如图 5.24 所示。△形接法的阻抗 Z 变换为丫形连接时,大小变为 $Z/3$,因此, 一个相的电流 $\dot{I}_a$(线电流)为

$$\dot{I}_a = \frac{\dot{E}_a}{(Z/3)} \tag{5.22}$$

其实,把△形负载变换为丫形负载不是计算线电流的唯一方法。如果从丫形电源的相 电压求出线电压,就可计算出△形负载的相电流,再由相电流与线电流的关系也可求出线 电流。

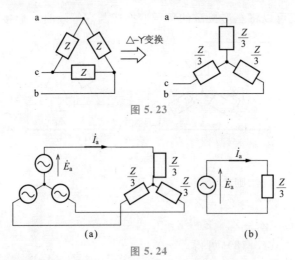

图 5.23

图 5.24

 技能训练

图 5.25 所示的电路中,电阻 $R = 15\Omega$,电抗 $X = 60\Omega$,三相电压为 200V,求线电流 I(A)。

解:将△形电抗进行△-丫变换后,得

$X_Y = 20\Omega$

△-Y 变换成Y-Y电路,取出一个单相电路后,如图5.26所示,则

Y形接法的相电压:$E = 200/\sqrt{3} \approx 115$ (V)

一个单相电路的阻抗:$Z = 15 + j20$,$Z = \sqrt{15^2 + 20^2} = 25$ (Ω)

因此,所求的电流为

$$I = E/Z = 200/25\sqrt{3} \approx 4.62 \text{ (A)}$$

另外,流过△形电抗 X 的相电流,也可由△形接法的相电流与线电流的关系求出,即

$$I/\sqrt{3} \approx 2.67 \text{ (A)}$$

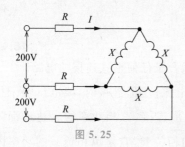

图 5.25

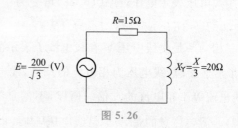

图 5.26

5.4　三相电路的功率

知识点1　　三相电路功率的计算

　　三相电路是三个单相电路的组合,所以电路中消耗的功率就等于各个单相功率之和,把三相电路的总功率称为三相功率。设对称电动势的瞬时值为 e_a, e_b, e_c,线电流的瞬时值为 i_a,i_b, i_c。三相功率的瞬时值等于各个单相功率之和,即

$$p = p_a + p_b + p_c = e_a i_a + e_b i_b + e_c i_c \tag{5.23}$$

设负载的功率因数角为 ϕ,则各相电压与电流的瞬时值可表示为

$$\begin{cases} e_a = E_m \sin\omega t & i_a = I_m \sin(\omega t - \phi) \\ e_b = E_m \sin(\omega t - 2\pi/3) & i_b = I_m \sin(\omega t - 2\pi/3 - \phi) \\ e_c = E_m \sin(\omega t - 4\pi/3) & i_c = I_m \sin(\omega t - 4\pi/3 - \phi) \end{cases} \tag{5.24}$$

E_m 为电压的最大值,I_m 为电流的最大值,ϕ 为负载的功率因数角[若负载 $Z=R+jX$,则 $\phi=\arctan(X/R)$]。因此,各相功率的瞬时值为

$$
\begin{cases}
p_a=e_a i_a=E_m I_m \sin\omega t \cdot \sin(\omega t-\phi)=EI[\cos\theta-\cos(2\omega t-\phi)] \\
p_b=e_b i_b=EI[\cos\theta-\cos(2\omega t-2\pi/3-\phi)] \\
p_c=e_c i_c=EI[\cos\theta-\cos(2\omega t-4\pi/3-\phi)]
\end{cases} \tag{5.25}
$$

式中,E 为相电压的有效值;I 为相电流的有效值。

各相的瞬时值之和为

$$p=p_a+p_b+p_c=3EI\cos\phi \text{ (W)} \tag{5.26}$$

可见,平衡三相电路的瞬时功率恒定,它不随时间发生变化,大小等于一个单相的消耗功率的 3 倍。从式(5.25)、式(5.26)可以看出,单相电路的功率是脉动的,而平衡三相电路的瞬时功率之和不是脉动的,它为定值。

用线电压表示电压,则式(5.26)可变为

$$P=3EI\cos\phi=\sqrt{3}VI\cos\phi \text{ (W)} \tag{5.27}$$

三相功率是由线电压 V 和线电流 I 表示的,因此它适合于任何形式连接的电路。

丫形连接时,线电压为相电压的 $\sqrt{3}$ 倍,线电流等于相电流;△形连接时,线电压等于相电压,线电流等于相电流的 $\sqrt{3}$ 倍。所以,不论是丫形还是△形连接,三相功率的表达式都为式(5.27)。需要注意的是,ϕ 不是线电压 $\dot{V}$ 与线电流 $\dot{I}$ 之间的相位差,它是单相负载的功率因数角,也就是说,它是相电压 $\dot{E}$ 与相电流 $\dot{I}$ 之间的相位差。

另外,三相无功功率为

$$Q=\sqrt{3}VI\sin\phi \text{ (var)} \tag{5.28}$$

视在功率为

$$S=\sqrt{3}VI \text{ (V · A)} \tag{5.29}$$

知识点2　　三相电路功率的测量

通过测量各个单相电路的功率,再将其相加,就可求出三相电路功率。用这种方法测量,需要三个单相功率计。其实,用两个单相功率计也可测得三相功率,这种方法叫做双瓦特计法。根据此原理用来测量三相功率的仪器称为三相功率计。

现将两个单相功率计 W_1,W_2 接入电路,如图 5.27(a)所示,则流入功率计 W_1 电流线圈中的电流为 $\dot{I}_a$(线电流),加在电压线圈上的线电压为 V_{ab}。流过 W_2 功率计的电流线圈中的电流为线电流 $\dot{I}_c$,加在电压线圈上的电压为线电压 $\dot{V}_{cb}=-\dot{V}_{bc}$。

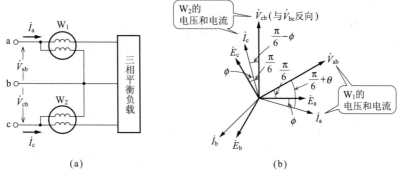

图 5.27 三相电路功率的测量

　　设三相负载的功率因数为 $\cos\phi$（落后），则电压、电流的相量图如图 5.27(b)所示。相量图中，$\dot{V}_{ab}$ 与 $\dot{I}_a$ 的相位差为$(\pi/6+\phi)$，$\dot{V}_{cb}$ 与 $\dot{I}_c$ 的相位差为$(\pi/6-\phi)$，因此功率计 W_1，W_2 的读数分别为

$$W_1 = V_{ab}I_a\cos(\pi/6+\phi) \tag{5.30}$$
$$W_2 = V_{cb}I_b\cos(\pi/6-\phi) \tag{5.31}$$

则，

$$
\begin{aligned}
W_1 + W_2 &= VI\cos(\pi/6+\phi)+VI\cos(\pi/6-\phi)\\
&= VI\times 2\cos\phi\cos\pi/6\\
&= VI\times 2\times(\sqrt{3}/2)\cos\phi\\
&= \sqrt{3}VI\cos\phi \text{（三相功率的表述式）} \tag{5.32}
\end{aligned}
$$

三相功率就是这两个功率计上的读数之和。

　　必须要注意的是，当功率因数角小于 $\pi/3$ 时，可以直接读取功率计，而当功率因数角大于 $\pi/3$ 时，W_1 为负值，无法读出数据。这种情况下，需要将偏转为负值的功率计的电压线圈反向连接，然后将读出的数值前加上负号，最后将其相加，就可求出三相功率。

　　因为用双瓦特计法可测出三相功率，于是把两个功率计作为一个整体就是一个三相功率计。双瓦特计法不仅可以测量平衡三相电路，也可测量不平衡三相电路的功率。

　　另外，由式(5.30)、式(5.31)可得

$$W_2 - W_1 = VI\sin\phi$$

因此，无功功率为

$$
\begin{aligned}
Q &= \sqrt{3}(W_2-W_1)\\
&= \sqrt{3}VI\sin\phi \tag{5.33}
\end{aligned}
$$

5.5 不对称三相电路的计算

知识点1   不对称丫-丫电路的计算

在图 5.28 所示的电路中,给丫形接法的对称三相电源接入 丫形接法的不平衡三相负载,求接入后电路中的线电流 $\dot{I}_a$, $\dot{I}_b$, $\dot{I}_c$。设各线电压为 $\dot{V}_{ab}$, $\dot{V}_{bc}$, $\dot{V}_{ca}$,因电源是对称三相电源,故

$$\dot{V}_{ab} + \dot{V}_{bc} + \dot{V}_{ca} = 0 \tag{5.34}$$

对 N′ 点应用基尔霍夫定律,则

$$\dot{I}_a + \dot{I}_b + \dot{I}_c = 0 \tag{5.35}$$

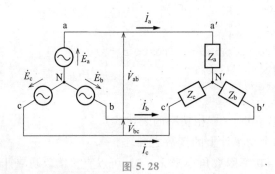

图 5.28

对闭合回路 a-a′-N′-b′-b-N-a 及 b-b′-N′-c′-c-N-b 应用基尔霍夫定律,则

$$\dot{V}_{ab} = Z_a \dot{I}_a - Z_b \dot{I}_b \tag{5.36}$$

$$\dot{V}_{bc} = Z_b \dot{I}_b - Z_c \dot{I}_c \tag{5.37}$$

联立式(5.35)、式(5.36)和式(5.37)求解,则可求出 $\dot{I}_a$。$\dot{I}_b$,$\dot{I}_c$ 的计算与此相同。

$$\dot{I}_a = \frac{Z_c \dot{V}_{ab} + Z_b (\dot{V}_{ab} + \dot{V}_{bc})}{Z_a Z_b + Z_b Z_c + Z_c Z_a} \text{ (A)}$$

另外,也可通过下列方法求出电流。设以图 5.28 中 N 为基准点的 N′ 的电位为 $\dot{V}_n$,则各线电流为

$$\begin{cases} \dot{I}_a = (\dot{E}_a - \dot{V}_n)/Z_a \\ \dot{I}_b = (\dot{E}_b - \dot{V}_n)/Z_b \\ \dot{I}_c = (\dot{E}_c - \dot{V}_n)/Z_c \end{cases} \tag{5.38}$$

由式(5.35)和式(5.38)可求出

$$\dot{V}_n = \frac{(\dot{E}_a/Z_a) + (\dot{E}_b/Z_b) + (\dot{E}_c/Z_c)}{(1/Z_a) + (1/Z_b) + (1/Z_c)} \tag{5.39}$$

再由式(5.38)与式(5.39)可求出 $\dot{I}_a , \dot{I}_b , \dot{I}_c$ 的值。

如果用导纳 Y_a , Y_b , Y_c 来代替负载 Z_a , Z_b 和 Z_c ,则

$$\dot{V}_n = \frac{Y_a \dot{E}_a + Y_b \dot{E}_b + Y_c \dot{E}_c}{Y_a + Y_b + Y_c} \ (\text{V}) \tag{5.40}$$

知识点2　不对称△-△电路的计算

如图 5.29 所示,当负载为△形不平衡三相负载时,因加在负载上的电压是对称线电压的值,所以各相电流的计算与平衡三相负载的计算方法相同。

$$\dot{I}_{ab} = \dot{E}_{ab}/Z_{ab} \qquad \dot{I}_{bc} = \dot{E}_{bc}/Z_{bc} \qquad \dot{I}_{ca} = \dot{E}_{ca}/Z_{ca} \tag{5.41}$$

由线电流与相电流的关系可知,线电流为

$$\dot{I}_a = \dot{I}_{ab} - \dot{I}_{ca} \qquad \dot{I}_b = \dot{I}_{bc} - \dot{I}_{ab} \qquad \dot{I}_c = \dot{I}_{ca} - \dot{I}_{bc} \tag{5.42}$$

当输电线发生故障时,常常使用对称分量法计算电流与电压。

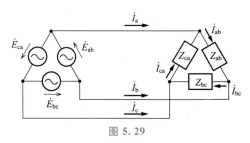

图 5.29

变压器

课前导读

变压器是利用电磁感应的原理来改变交流电压的装置，主要构件是初级线圈、次级线圈和铁心。在电器设备和无线电路中，常用作升降电压、匹配阻抗、安全隔离等。

掌握变压器的工作原理；学会计算变压器的电压和电流；理解三相变压器、自耦变压器、单向感应调压器和测量用互感器的工作原理和工作方法。

学习目标

6.1 变压器的原理

知识点1　变压器的原理及作用

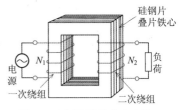

图6.1　变压器的基本电路

　　变压器按照用途不同,种类很多,可以说是照明、电子设备、动力机械等的基础,作用很大。如图6.1所示,变压器是铁心上绕有绕组(线圈)的电器,一般把接于电源的绕组称为一次绕组,接于负荷的绕组称为二次绕组。

　　如图6.2所示,给一次绕组施加直流电压时,仅当开关开闭瞬间,才使电灯亮一下。这因为仅当开关开闭时才引起一次绕组中电流变化,才使贯穿二次绕组的磁通发生变化,才会靠互感作用在二次绕组中感应出电动势,互感作用如图6.3所示。图6.2(b)是一次绕组施加交流电压的情况,图6.2(b)中交流电压大小和正负方向随时间而变化,故由此而生的磁通也随电压变化,这就在二次绕组不断感应出电动势,使电灯一直发亮。这样,在变压器一次绕组施加的电源电压,可传向二次绕组。

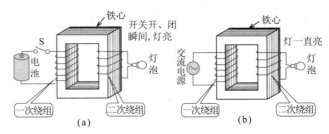

图6.2　变压器的原理

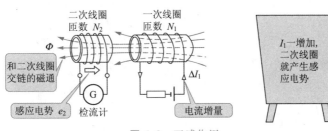

图6.3　互感作用

知识点2   根据匝数比变压

变压器的基本电路如图 6.4 所示，铁心中磁通 ϕ(Wb)（和 i_1 同相），若在 Δt(s)时间间隔内磁通变化 $\Delta\phi$(Wb)，则根据与电磁感应有关的法拉第–楞次定律，在一次和二次绕组（匝数各为 N_1 和 N_2）感应的 e_1 和 e_2 都为阻止磁通变化的方向，如下式所示：

$$e_1 = -N_1 \frac{\Delta\phi}{\Delta t} \text{ (V)}, e_2 = -N_2 \frac{\Delta\phi}{\Delta t} \text{ (V)}$$

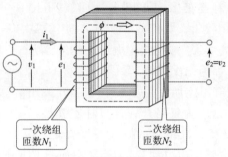

一次绕组
匝数 N_1

二次绕组
匝数 N_2

图 6.4   变压器的基本电路

加于一次绕组的电压 v_1 和一次绕组感应电动势（一次感应电动势）e_1 间的关系如下：

$$v_1 = -e_1 = N_1 \frac{\Delta\phi}{\Delta t} \text{ (V)}$$

出现在二次绕组的端电压 v_2 和二次绕组的感应电动势 e_2 相同，表示为

$$v_2 = e_2 = -N_2 \frac{\Delta\phi}{\Delta t} \text{ (V)}$$

即 v_1 和 v_2 互相反相。

下面将 v_1 和 v_2 改用有效值 V_1 和 V_2 表示，V_1 与 V_2 之比如下式：

$$\frac{V_1}{V_2} = \frac{N_1 \frac{\Delta\phi}{\Delta t}}{N_2 \frac{\Delta\phi}{\Delta t}} = \frac{N_1}{N_2} = a$$

式中，a 等于一次侧匝数和二次侧匝数之比，故称 a 为匝数比。

设变压器没有损耗，认为二次侧输出的功率与一次侧输入的功率相等，如图 6.5 所示，那么将有如下关系：

$$P_1 = P_2, V_1 I_1 = V_2 I_2, \frac{V_1}{V_2} = \frac{I_2}{I_1} = \frac{N_1}{N_2} = a$$

式中，$\dfrac{V_1}{V_2}$ 称为变压比；$\dfrac{I_2}{I_1}$ 的倒数 $\dfrac{I_1}{I_2}$ 称为电流比。

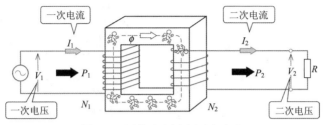

图 6.5 匝数比/变压比/电流比

6.2 变压器的结构

知识点1 按铁心和绕组的配置分类

变压器基本由铁心和绕组组成，按变压器铁心和绕组的配置来分类，可分为心式和壳式变压器两种。图 6.6(a) 所示为心式铁心，结构特点是外侧露出绕组，而铁心在内侧，从绕组绝缘考虑，这种安置合适，故适用于高电压。图 6.6 (b)所示为壳式铁心，在铁心内侧安放绕组，从外侧看得见铁心，适用于低电压大电流场合。

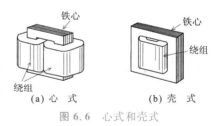

图 6.6 心式和壳式

知识点2 铁 心

变压器的铁心通常使用饱和磁通密度高、磁导率大、铁耗(涡流损耗和磁滞损耗)少的材料，如图 6.7 所示。硅含有率为 $4\% \sim 4.5\%$ 的 S 级硅钢片是广为应用的材料。厚度为 0.35mm，为了减少涡流损耗，必须一片一片地涂上绝缘漆，将这种硅钢片叠起来就成为铁心，称此为叠片铁心。图 6.8 示出了硅钢片铁心的装配过程。

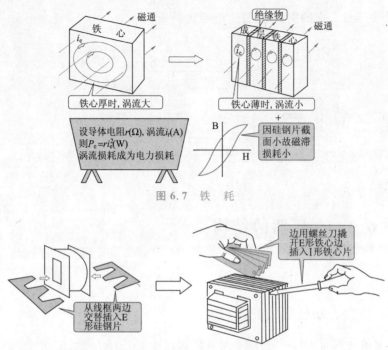

图 6.7　铁　耗

图 6.8　E I (壳式)铁心的装配

　　将硅钢片进行特殊加工,使压延方向的磁导率大,这样处理后的硅钢片称为取向性硅钢片。沿压延方向通过磁通时,比普通硅钢片的铁耗小,磁导率也大。用取向性硅钢带做成的变压器如图 6.9 所示,是卷铁心结构,目的是使磁通和压延方向一致。卷铁心先整体用合成树脂胶合,再在两处切断,放入绕组后,再将铁心对接装好。图 6.10 所示为切成两半装好的卷铁心(又称对接铁心)。卷铁心通常用于如柱上变压器那样的中型变压器中。

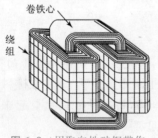

图 6.9　用取向性硅钢带作
成的卷铁心变压器

图 6.10　对接铁心

知识点3 绕 组

绕组的导线用软铜线、圆铜线和方铜线。中型、大型变压器的绕组情况有圆筒式和饼式绕法如图 6.11 所示。一次绕组和二次绕组与铁心之间的绝缘层用牛皮纸、云母纸或硅橡带等。

知识点4 外箱和套管

油浸变压器的外箱由于要安放铁心、绕组和绝缘物,故主要用软钢板焊接而成。为了把电压引入变压器绕组,或从绕组引出电压,需将导线和外箱绝缘,为此要用瓷套管,如图 6.12 所示。高电压套管常用充油套管和电容型套管。

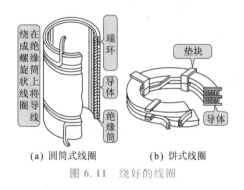

(a) 圆筒式线圈　　(b) 饼式线圈

图 6.11 绕好的线圈

图 6.12 套 管

6.3 变压器的电压和电流

知识点1 理想变压器的电压、电流和磁通

忽略了一次、二次绕组的电阻、漏磁通以及铁耗等后,变压器就可称为理想变压器,如图 6.13 所示,实际的变压器如图 6.14 所示。

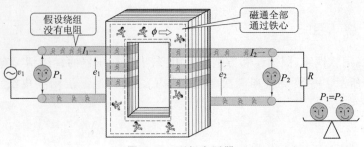

图 6.13 理想变压器

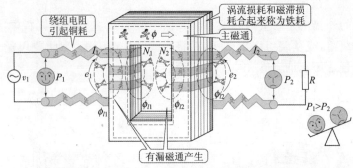

图 6.14 实际的变压器

如图 6.15 所示,一次绕组施加交流电压 v_1(V),二次绕组两端开放称为空载。图中一次绕组中有电流 i_0 流过,铁心中产生主磁通 ϕ,因而把 i_0 称为励磁电流。若忽略绕组电阻,则它只有感抗,故 i_0 及 ϕ 的相位滞后电源电压相位 $\pi/2$(rad)。另外,v_1 和一次、二次感应电动势 e_1,e_2 的相位关系是 $v_1 = -e_1$,即为反相位,而 e_1 和 e_2 为同相位。以 e_1 为基准,它们的关系如图 6.15(b) 所示。

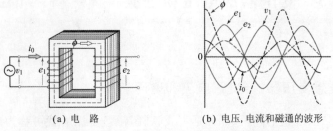

(a) 电 路　　　　(b) 电压、电流和磁通的波形

图 6.15 空载时的电路、波形和向量图

一次侧施加的交流电压频率为 f(Hz),铁心中磁通最大值若以 ϕ_m(Wb)表示,则一次、二次感应电动势 e_1,e_2 的有效值 E_1,E_2 将如下式所示:

$$E_1 = 4.44 f N_1 \phi_m \ (\text{V}), E_2 = 4.44 f N_2 \phi_m \ (\text{V})$$

图 6.16 所示为二次绕组加上负荷,即变压器负荷状态。图 6.16 中二次绕组 N_2 中的负荷电流为

$$\dot{I}_2 = \frac{\dot{E}_2}{\dot{Z}}$$

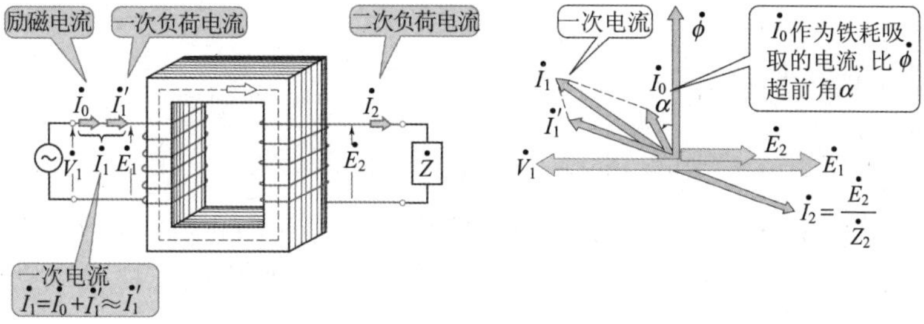

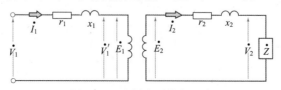

(a) 电 路　　　　　　　　(b) 向量图

图 6.16　负荷时的电路、波形和向量图

由于 $\dot{I}_2$ 的作用,二次绕组产生新的磁势 $N_2 \dot{I}_2$,它有抵消主磁通的作用。为了使主磁通不被抵消,一次绕组将有新的电流流入,使一次绕组产生磁势 $N_1 \dot{I}'_1$,$N_2 \dot{I}_2 + N_1 \dot{I}'_1 = 0$,称 $\dot{I}'_1$ 为一次负荷电流。这样,有负载时一次全电流 $\dot{I}_1$ 为

$$\dot{I}_1 = \dot{I}'_1 + \dot{I}_0$$

图 6.16(b) 用向量图表示了上述关系。一般说,二次负荷电流 $\dot{I}_2$ 大时,励磁电流 $\dot{I}_0$ 与 $\dot{I}_1$ 相比小很多,只占百分之几,因此,可以认为一次电流 $\dot{I}_1$ 和一次负荷电流 $\dot{I}'_1$ 近似相等。

 知识点2　　**实际变压器有绕组电阻和漏磁通**

实际变压器中,一次、二次绕组有电阻,铁心中有铁耗。另外,一次绕组电流产生的磁通,并不都全部交链二次绕组,而产生漏磁通 ϕ_{l1} 和 ϕ_{l2},如图 6.14 所示。若实际变压器中,一次、二次绕组电阻为 r_1, r_2,则在 r_1, r_2 上的铜耗产生电压降。这里,ϕ_{l1} 只交链一次绕组,只在一次绕组中感应电动势,只在一次绕组中产生电压降。同样,ϕ_{l2} 只在二次绕组产生电压降。因此,实际变压器可用一次、二次绕组,电阻 r_1, r_2 分别和一次漏电抗 x_1、二次漏电抗 x_2 相串联的电路来表示,如图 6.17 所示,图中 $\dot{V}'_1$ 称为励磁电压,且 $\dot{V}'_1 = -\dot{E}_1$。

图 6.17　实际变压器的电路

6.4　三相变压器

知识点1　　心 式

把 3 台心式单相变压器如图 6.18(a)那样拼起来,在 3 个铁心柱上绕上各相的一次绕组和二次绕组。给一次绕组施加三相对称电压,各绕组间有 120°的相位差,产生 $\dot{\phi}_u, \dot{\phi}_v, \dot{\phi}_w$ (Wb)对称的三相磁通。这时,铁心中间心柱①磁通为零。因此,把中间心柱去除也没有影响。这就成为图 6.18(b)所示的样子,这称为三柱铁心。

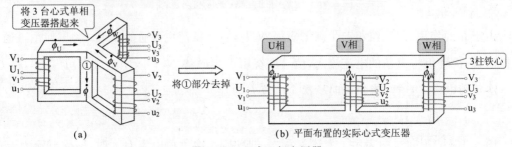

图 6.18　心式三相变压器

知识点2　　壳 式

三相壳式是由 3 台单相壳式变压器排列起来的铁心结构,如图 6.19 所示。该图中央 V 相绕组的绕向应与其他两相绕向相反,其理由是为了使铁心①,②,③,④,⑤各磁路的磁通都相同。

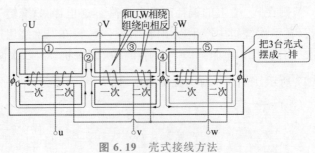

图 6.19　壳式接线方法

6.5 自耦变压器和单相感应调压器

知识点1 **单绕组的自耦变压器**

自耦变压器只有一个绕组,从这个绕组的一部分引出一个出线端,如图 6.20(a)所示。该图中 b-c 间共有的绕组称为公共绕组,a-b 间的绕组称为串联绕组。图 6.20(b)是自耦变压器的工作原理图,该图说明了电压、电流、匝数等的关系。如果把公共绕组作为一次绕组,把串联绕组作为二次绕组,则自耦变压器就和普通变压器一样工作。变压器自身的功率称为自己功率 P_s,从二次端输出功率称为负荷功率 P_1。这样,自耦变压器的额定容量可用自己功率和负荷功率表示。

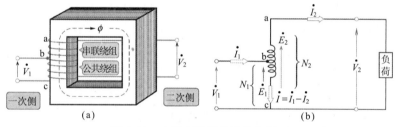

图 6.20 自耦变压器的结构和原理

自耦变压器用铜量少,故比较经济,另外,因为一次、二次侧绕组是公共的,故漏磁少,电压调整率小,效率也高。但缺点是低压侧必须用和高压侧相同的绝缘。自耦变压器多用于电力系统电压调整,还广泛作为滑动调节的自耦调压器、荧光灯升压变压器和交流电动机启动补偿器等。

知识点2 **单相感应调压器**

图 6.21 示出了单相感应调压器的结构,图 6.22 示出了单相感应调整器的原理。在转子铁心上绕有一次绕组,定子铁心上绕有二次绕组。将一次绕组作为公共绕组,二次绕组作为串联绕组连接起来,依靠转动一次绕组可连续调整二次绕组感应电压的大小。

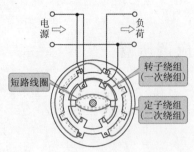

图 6.21　单相感应电压调整器的结构

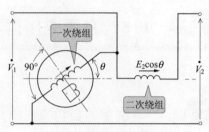

图 6.22　单相感应调整器的原理

6.6　测量用互感器

在输配电系统的高电压、大电流电路中,很难用一般的仪表直接测量电压和电流。因此,需要将其变成可以测量的低电压和小电流。用于这一目的的测量专用的特殊变压器称为测量用互感器,有电压互感器和电流互感器两种。

知识点1　　电压互感器

电压互感器是将高电压变成低电压的变压器,与一般电力变压器没有不同。但为了测量误差小,绕组电阻和漏电抗相对要小。图 6.23 所示是其外观图。油浸式用于高压,干式用于低压。电压互感器的接线如图 6.24 所示,一次侧接一般的电压指示表计。还应指出,电压互感器额定二次电压都统一为 110V,我国为 100V 或 $100/\sqrt{3}$ V。

(a) 油浸式　　　(b) 干式模制式

图 6.23　测量用电压互感器的外观

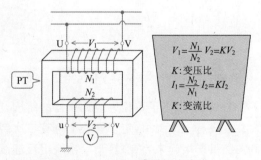

图 6.24　电压互感器的接线法

知识点2　　电流互感器

　　电流互感器是将大电流变成小电流的变压器，为了使励磁电流小，铁损耗要小，故采用磁导率大的优质铁心。图6.25所示是其外观图。油浸式用于高压，干式用于低压电路。电流互感器的接线如图6.26所示，电流互感器的一次侧接测量电路，额定二次电流都统一为5A。也应指出，一次侧若有电流时将二次侧开路，则绕组或仪表将烧坏。因此，电源切断后再使二次侧开路。

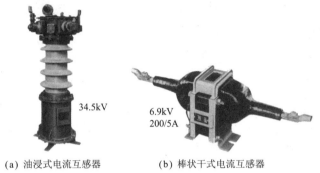

(a) 油浸式电流互感器　　　　(b) 棒状干式电流互感器

图 6.25　电流互感器的外观

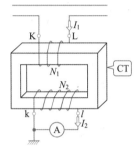

6.26　电流互感器的接线法

半导体

课前导读

半导体是一种电阻率界于金属与绝缘材料之间的材料。这种材料在某个温度范围内随温度升高而增加电荷载流子的浓度，电阻率下降。本章主要介绍二极管的原理及使用方法；晶体三极管的原理及使用方法等。

理解半导体的性质；掌握二极管的工作原理、工作状态及应用方法；掌握晶体三极管的使用方法及静态特性等信息。

学习目标

7.1 二极管

知识点1　二极管的形状与电路符号

二极管即意味着带有两个电极。一个称为阳极（A），另一个称为阴极（K），图 7.1 所示是二极管的电路符号。二极管具有单向导电性，箭头的方向表示电流易通过的方向。二极管的特性如图 7.2 所示。

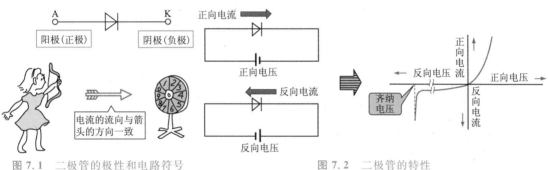

图 7.1　二极管的极性和电路符号　　　　　　　　图 7.2　二极管的特性

知识点2　二极管的结构与工作原理

PN 结型二极管是二极管的典型代表。它是在硅或锗的本征半导体结晶中掺杂，构造形成如图 7.3 所示的 P 型半导体区域和 N 型半导体区域，使它们互相有机地连接在一起。并且，将阳极和阴极这两个电极分别固定于 P 型区域和 N 型区域的两端。这里，P 型区域与 N 型区域的交接面被称为交界面。

知识点3　仅有 PN 结时的情况

PN 结一旦形成，如图 7.4 所示，在交界面附近 P 型区域的空穴向 N 型区域移动，而 N 型区域的电子向 P 型区域移动，这种状况与往水中滴入浓度高的墨水时，墨水慢慢地向四周水中扩散，最终完全与水混合的现象相似，称为扩散现象。

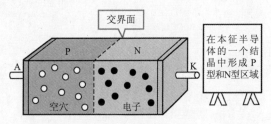
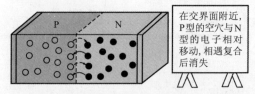

图 7.3　PN 结型二极管　　　　图 7.4　由扩散引起的空穴与电子的移动

在交界面附近扩散的空穴与电子相遇复合消失,结果导致在交界面的附近形成没有载流子的区域,称这一区域为耗尽层。一旦发生这样的扩散,则在 P 型区域,当空穴中和消失之后便产生负的电荷(负离子);而在 N 型区域,当失去电子之后便产生正的电荷(正离子)。由于这些电荷产生了称为势垒的电位差,妨碍载流子的进一步扩散,因而阻止 PN 结整体的中和,如图 7.5 所示。

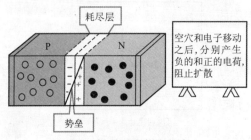

图 7.5　耗尽层和势垒的产生

　当 PN 结加上反向电压时的情况

如图 7.6(a)所示,若 P 型区域接电源负极,N 型区域接电源正极,则 P 型区域的空穴被负极吸引,N 型区域的电子被正极吸引。结果耗尽层增宽,势垒也变高。因此,由于载流子不能移动而无电流通过。这样的施加电压方式称为反向电压。图 7.6(b)是这种情况下的电路图表示。

　当 PN 结加上正向电压时的情况

如图 7.7(a)所示,若 P 型区域接电源正极,N 型区域接电源负极,则耗尽层变薄,并且势垒也变低。结果,穿越交界面,P 型区域的空穴向 N 型区域移动,N 型区域的电子向 P 型区域移动。因此,发生了载流子的移动而使电流流通。这样的施加电压方式称为正向电压,流过的电流称为正向电流。图 7.7(b)为其电路图。

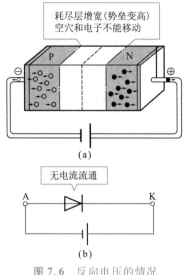

图 7.6 反向电压的情况

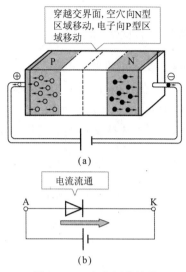

图 7.7 正向电压的情况

7.2 特殊二极管

知识点1 稳压二极管

稳压二极管也称为齐纳二极管,它利用当反向电压逐步增大到一定数值时反向电流激增的齐纳现象,是使用反向电流工作的元件,如图 7.8所示。在发生齐纳现象的范围内,即使流过二极管的电流变化很大,二极管两端的电压也保持一定值。图 7.9 示出了稳压二极管的特性,在使用 RD-5A 型稳压二极管的情况下,尽管电流在 5～45mA 之间变化,但是二极管两端的电压基本上保持 5V。稳压二极管通常使用在要求输出电压变化极小的稳压电源装置中。

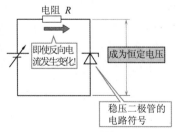

图 7.8 稳压二极管的工作原理

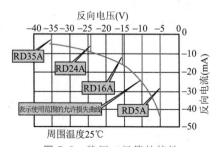

图 7.9 稳压二极管的特性

知识点2　变容二极管

变容二极管也叫可变电容二极管,是利用 PN 结交界面附近生成的耗尽层而制成的器件。如图 7.10 所示,由于两边的正负电荷使耗尽层处于一种带有静电电容的状态。因此,若反向电压变大,则耗尽层的幅度变宽,静电电容变小,变容二极管的特性如图7.11所示。变容二极管被应用于无线话筒和电视机的高频头电路等方面。

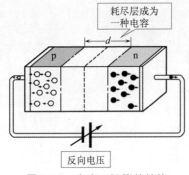

图 7.10　变容二极管的结构

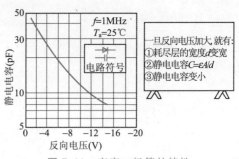

图 7.11　变容二极管的特性

知识点3　发光二极管

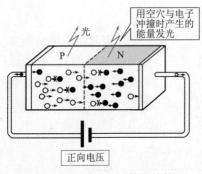

图 7.12　发光二极管的结构

发光二极管(LED)的材料主要局限于镓的化合物,由砷化镓(GaAs)和磷化镓(GaP)等作为原料形成 PN 结制成发光二极管。一旦有正向电流流过这个 PN 结,它就发出红、绿、黄等颜色的光。如图 7.12 所示,空穴和电子相互进入对方的区域,用冲撞时产生的能量发光。当然,相撞的空穴与电子中和消失了,但 P 型区域中的空穴和 N 型区域中的电子分别以只与中和消失的空穴电子相同的数目不断地产生出来,因而使发光可持续进行。发光二极管仅用极小的功率,便可获得鲜艳的光辉,另外,因为能够快速亮灭,所以除了用作显示灯外,对于使用光纤作为传输线路的光通信,它还可当发光源使用。

7.3 晶体三极管

知识点1 晶体三极管的名称

晶体三极管的名称根据 JIS C 7012,按图 7.13 所示那样决定。根据晶体三极管的名称,我们可以了解其大致的用途和结构。

知识点2 晶体三极管的结构和电路符号

晶体三极管按结构粗分有 NPN 型和 PNP 型两种类型,如图 7.14 所示。NPN 型如图 7.14(a)所示,两端是 N 型半导体,中间是 P 型半导体。PNP 型如同图 7.14(b)所示,两端是 P 型半导体,中间是 N 型半导体。

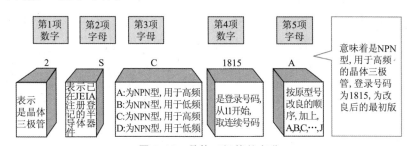

图 7.13 晶体三极管的名称

在图 7.14(a)、图 7.14(b)中,被夹在中间的 P 型以及 N 型半导体部分,宽度只有数微米程度,非常薄,这一部分称为基区(B)。夹住基区的两个半导体中一个称为发射区(E),另一个称为集电区(C)。另外,发射区和集电区,例如,在 NPN 型的情况下,虽然发射区和集电区都是 N 型的,但发射区与集电区相比,具有杂质浓度高出数百倍,并且交界面面积小等在结构上的不同。图 7.14(c)、图 7.14(d)是 NPN 型以及 PNP 型晶体三极管的电路符号。发射极中电流的流向用箭头表示,当为 NPN 型时箭头向外,当为 PNP 型时箭头向内。

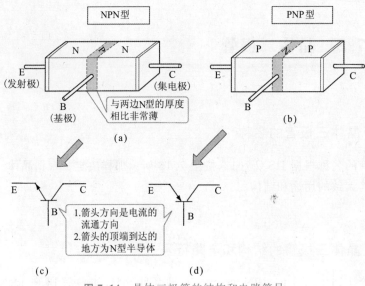

图 7.14　晶体三极管的结构和电路符号

 知识点3　　晶体三极管的工作原理

图 7.15 所示是通过在晶体三极管的基极 B、集电极 C、发射极 E 上施加电压,来观察电压和电流关系的电路。

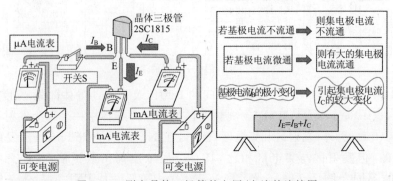

图 7.15　测定晶体三极管的电压/电流的连接图

① 基极电流 I_B 不流通时。在图 7.15 中,开关 S 一断开,基极开路,所以 I_B(基极电流)就不流通。这时只对晶体三极管的 C、E 间施加电压 V_{CE}(集电极电压),观察 I_C(集电极电流),I_E(发射极电流)的变化,结果如表 7.1 所示。

② 基极电流流通时。在图 7.15 中,开关 S 一闭合,B、E 间加有电压,所以基极电流 I_B

流通。这时,对应于 V_{CE} 和 I_B 的变化,I_C 和 I_E 的变化如表 7.2 所示。

<table>
<tr><th colspan="4">表 7.1</th></tr>
<tr><th>V_{CE}/V</th><th>I_B/μA</th><th>I_C/mA</th><th>I_E/mA</th></tr>
<tr><td>0～20</td><td>0</td><td>0</td><td>0</td></tr>
</table>

<table>
<tr><th colspan="4">表 7.2</th></tr>
<tr><th>V_{CE}/V</th><th>I_B/μA</th><th>I_C/mA</th><th>I_E/mA</th></tr>
<tr><td>2</td><td>100</td><td>17</td><td>17.1</td></tr>
<tr><td>2</td><td>200</td><td>34</td><td>34.2</td></tr>
<tr><td>10</td><td>100</td><td>18.4</td><td>18.5</td></tr>
</table>

从表 7.1、表 7.2 的结果,可以看出晶体三极管具有以下的工作原理。即使加有集电极电压,但在基极电流不流通时,集电极电流、发射极电流也都不流通,这样的状态称为晶体三极管的截止(OFF)状态。加上集电极电压,由基极电流的微量流通,在集电极可获得大的电流流通,这样的状态称为晶体三极管的导通(ON)状态。基极电流流通时,即使改变集电极电压的大小,集电极电流的大小也不变化。使基极电流产生微小的变化,就可以使得集电极电流产生较大的变化。基极电流与集电极电流之和变成发射极电流,因此,下面的关系式成立:

$$I_E = I_B + I_C$$

知识点4   晶体三极管的作用

基极电流 I_B、集电极电流 I_C,也分别称为输入电流和输出电流,输出电流与输入电流相比有一定的增大,此现象称为放大。这里,I_C 与 I_B 的比称为直流电流放大倍数 h_{FE},如下式所示:

$$h_{FE} = \frac{I_C}{I_B}$$

晶体三极管的直流电流放大倍数的数值通常在 50～1000 的范围内。因此,根据上述的第①、②条,晶体三极管具有在 ON,OFF 状态间转换的开关作用和放大作用,如图 7.16 所示。

图 7.16   晶体三极管的作用

知识点5 晶体三极管中电子和空穴的运动

　　根据基极电流的有无,集电极中有无电流流通的原因在于晶体三极管中电子与空穴的运动。

1. 基极电流不流通时

　　如图 7.17 所示,由于在 C、B 之间加上了反向电压,所以在 C,B 的 PN 结中集电区域内的电子被 E_2 的正电压吸引。因此,产生了耗尽层,没有从集电极向发射极的电子和空穴的移动,因而无电流流通。

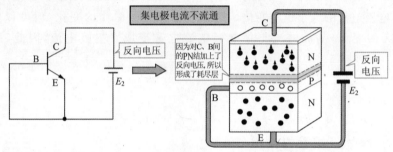

图 7.17　仅在 C,E 间加上反向电压的情况

2. 基极电流流通时

　　如图 7.18 所示,由于在 B,E 之间加上了正电压,所以发射极区内的电子因 E_1 的负电压被排斥,与进入基区的空穴结合。因为由于结合消失的电子,从电源 E_1 的阴极得到补充,所以 B,E 之间有电流流通。

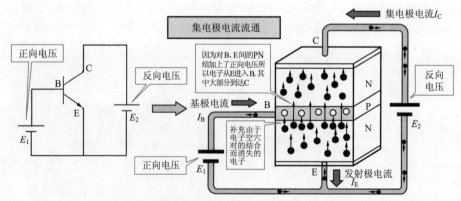

图 7.18　在 B,E 间加上正向电压,C,E 间加上反向电压的情况

当发射区的电子流入基极时,由于基区极薄,作为结合对象的空穴很少,因此电子中的大部分穿过基区进入集电区,然后一边扩散一边被 E_2 的正电压吸引。像这样,发射区的电子借助于施加在基极的正电压的力量,可将多余的电子送往集电区,即可以有较大的集电极电流流通。

知识点6   晶体三极管电压的施加方法

到目前为止,我们叙述了有关 NPN 型晶体三极管的工作原理,对 PNP 型若以空穴的运动为中心来考察的话,也是一样的。并且,为了使晶体三极管正常工作,若是 NPN 型管,则如图 7.19(a)那样,若是 PNP 型管则如图 7.19(b)那样,分别在 B,E 间加上正电压,在 C,E 间加上反向电压,即加上与发射极的箭头方向一致的两个电压。

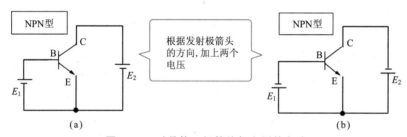

图 7.19   对晶体三极管施加电压的方法

7.4　晶体三极管的使用方法

晶体三极管使用时与二极管一样,对于电压、电流、功率、温度等都有最大极限值,因为即使是瞬间超过所规定的最大极限值,三极管也立即毁坏,所以使用时必须十分注意。晶体三极管的最大极限值有如下的一些参数,见表 7.3。

表 7.3   最大极限值($2SC1815$,$T_a = 25℃$)

项　目	符　号	极限值	单　位
集电极-基极之间电压	V_{CBO}	60	V
集电极-发射极之间电压	V_{CEO}	50	V
发射极-基极之间电压	V_{EBO}	5	V
集电极电流	I_C	150	mA

续表 7.3

项　　目	符　号	极限值	单　位
基极电流	I_B	50	mA
集电极功耗	P_C	400	mW
PN 结温度	T_j	125	℃

 知识点1　　**集电极-基极间电压 V_{CBO}**

如图 7.20(a)所示,发射极开路,集电极-基极间的电压不断加大,则晶体三极管发生毁坏式的雪崩现象,集电极电流 I_C 突然流出,如图 7.20(b)所示。这时的电压称为 V_{CBO}。V_{CBO} 的值越高越好,选择晶体三极管时,最好选择 V_{CBO} 大约为所使用电源电压的两倍的管子。另外,图 7.20(c)表示的是 PNP 型的情况。

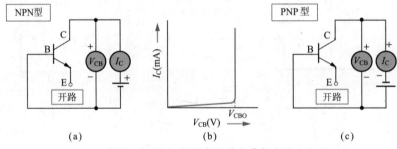

图 7.20　V_{CBO} 的测定电路和求解方法

 知识点2　　**集电极-发射极间电压 V_{CEO}**

V_{CEO} 是基极开路时集电极-发射极间的电压,与 V_{CBO} 的情况一样,是集电极电流突然流出时所对应的电压。即 V_{CEO} 表示集电极-发射极间的耐压,通常与 V_{CBO} 相等,或较其还要小。

 知识点3　　**发射极-基极间电压 V_{EBO}**

V_{EBO} 是集电极开路时发射极-基极间的电压,是发射极电流突然流出时所对应的电压。即若将发射极-基极间作为 PN 结型二极管考虑,则 V_{EBO} 就相当于二极管的反向耐压,表示发射极-基极间的耐压。

知识点4 **最大允许集电极电流 I_C**

I_C 是能够流过集电极的最大直流电流,又是交流电流的平均值。在选择晶体三极管时,最好选用额定值大约为通常使用状态下最大电流的两倍以上的管子。特别是功率晶体三极管,绝不允许瞬间最大电流超过额定值。

 知识点5 **最大允许集电极耗散功率 P_C**

P_C 是集电极-发射极间消耗的功率,为集电极电流 I_C 与集电极-发射极间电压 V_{CE} 的乘积,将 $P_C = I_C V_{CE}$ 称为集电极耗散功率。由于集电极的耗散功率在集电极的 PN 结内转换为热,导致晶体三极管内部温度上升,会烧坏管子,如图 7.21 所示。这里,有关 P_C 必须注意的问题是,即使 P_C 在额定值以内,I_C 和 V_{CE} 也不能超过其各自的额定值。例如,图 7.22 所示为晶体三极管 2SC1815 的情况,虚线表示 P_C 和 I_C,V_{CE} 的最大极限,使用时绝不能采用超出虚线部分的值。

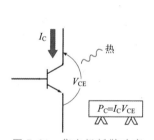

图 7.21 集电极耗散功率

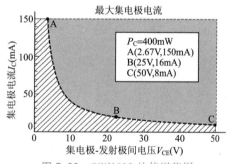

图 7.22 2SC1815 的使用范围

集电极的功耗还与周围温度 T_a 有关,即晶体三极管自身一被加热,周围的温度就上升,而周围温度上升,也会导致集电极电流增加,晶体三极管则变得更热。如此反复地恶性循环称为热击穿,最终导致管子毁坏,如图 7.23 所示。因此,特别是对于功率三极管,散热板使用铝板和铁板制成。

到目前为止讨论的周围温度通常为 25℃,在小型晶体三极管的场合,不需要散热板。但是,周围温度一旦变为 25℃ 以上,散热效果就变差,晶体三极管所能允许的集电极功耗的值如图 7.24 所示变得小了。因此,小型晶体三极管的场合,最好选择晶体三极管的电源电压和使用时集电极电流的乘积在最大允许集电极功耗的一半以下。

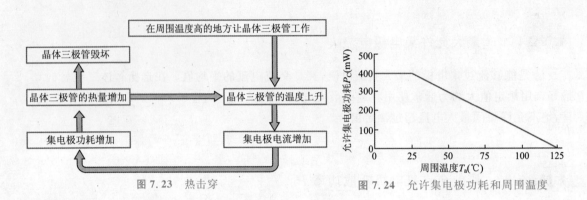

图 7.23   热击穿

图 7.24   允许集电极功耗和周围温度

知识点6　　　结温 T_j

T_j 是能够使晶体三极管正常工作的最大结温。通常,锗管为 75～85℃,硅管为125～175℃。

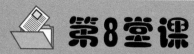

晶体三极管放大电路

课前导读

　　晶体三极管放大电路主要由具有放大作用的三极管及电阻、电容进行适当连接组成。本章主要介绍晶体三极管放大电路的工作原理、偏置电路，根据特性曲线求得偏置和放大倍数的方法，用晶体三极管的4个参数画出等效电路，利用等效电路求取放大倍数的方法等。

　　理解晶体三极管放大电路的工作原理；掌握偏置电路的性质和工作原理；学会晶体三极管放大电路中的基本运算方法。

学习目标

8.1 简单放大电路的工作原理

知识点1　　简单放大电路的构成

图8.1(a)所示是由晶体三极管、电阻、电容、电源构成的最简单的放大电路,图8.1(b)是图8.1(a)的电路原理图。

对放大电路的输入所施加的是从称为信号源的麦克风、录放机等传来的极小的输出电压。放大电路的输出,连接有称为负载的扬声器、蜂鸣器等。电容 C_1 在起着隔直作用的同时,仅让从信号源来的像语音电流那样的交流通过,它是信号源和晶体三极管之间的连接元件。C_2 是使负载中仅有交流流通的元件,C_1,C_2 都称为耦合电容,如图8.2所示。电阻 R_B 是决定基极电流 I_B 值的元件,也称作为偏置电阻。电阻 R_L 称为负载电阻,是为了获取输出电压的元件。

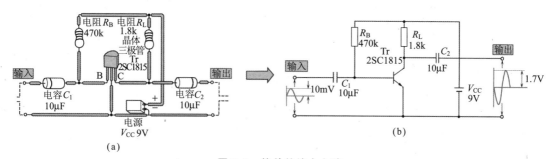

图 8.1　简单的放大电路

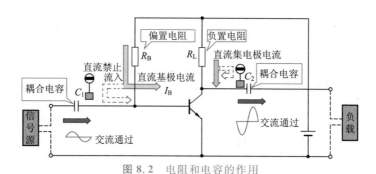

图 8.2　电阻和电容的作用

知识点2 放大电路各部分的波形

在信号源的输出中,混有各种各样频率、振幅的信号,另外负载也根据种类不同,具有各种各样的电阻值或阻抗值。这里,为了说明简单,假设输入为具有单一频率、恒定振幅的正弦波交流电压(输入信号电压简称为输入电压)。

1. 基极端

如图 8.3(a)所示,输入电压 v_i 通过耦合电容 C_1 施加在基极-发射极间,根据从电源流过偏置电阻 R_B 的直流基极电流 I_B,在基极-发射极间产生直流电压 V_{BE}。因此,在基极-发射极间,施加的是 V_{BE} 和 v_i 叠加起来的如图 8.3(b)所示的电压 $V_{BE}+v_i$。另外,基极流过与 $V_{BE}+v_i$ 成比例的如图 8.3(c)所示的基极电流 I_B+i_b。

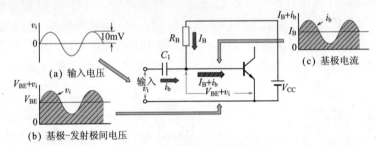

图 8.3 基极端各部分的波形

2. 集电极端

集电极端与基极端一样,直流集电极电流 I_C 从电源流过负载电阻 R_L,根据基极电流 I_B+i_b 的控制,有图 8.4(a)所示的集电极电流 I_C+i_c 流通。根据这一集电极电流,集电极-发射极间产生的直流成分和交流成分的电压变成图 8.4(b)所示的样子。但是,对交流成分的集电极压 v_c,有 $v_c=R_L i_c$。

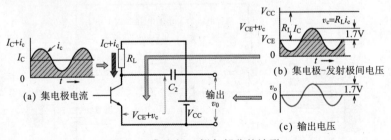

图 8.4 集电极一侧各部分的波形

① 当输入电压为 0V 时,因为集电极电流只有直流成分 I_c,所以集电极-发射极间电压 V_{CE} 与电源电压 V_{CC} 相比,降低了由负载电阻 R_L 产生的电压降 $R_L I_c$。

② 当输入电压正向增大时,因为集电极电流 $I_c + i_c$ 也增加,则由 R_L 引起的电压降变大,所以集电极-发射极间电压减小。反之,若 v_i 反向增大,则集电极-发射极间电压将增大。

因此,对于集电极-发射极间电压 $V_{CE} + v_c$ 由于其直流成分被耦合电容 C_2 所阻隔,所以输出电压 v_o 变得如图 8.4(c)所示。这里,比较图 8.3(a)所示的输入电压和图 8.4(c)所示的输出电压,就可总结以下两点:

① 当输入电压 $v_i = 10\text{mV}$ 时,因为输出电压 $v_o = 1.7\text{V}$,所以输出被放大到输入电压的 170 倍。

② 当 v_i 正向增加时,v_o 为反向增加。即 v_i 和 v_o 之间存在 180°的相位差,这称为输入输出的相位反转。

8.2　偏置电路

知识点1　偏置的必要性

在前述放大电路中,只介绍了放大的情况,晶体三极管以直流成分为中心,交流成分叠加其上进行工作,输出波形可与输入波形成比例地无失真地放大。这里,电极间的直流电压、直流电流通常称为偏置电压、偏置电流,也简称为偏置,如图 8.5 所示。

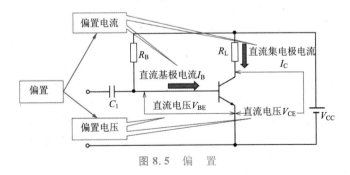

图 8.5　偏　置

图 8.6(a)是发射结没有加上偏置电压的情况。因为发射结由 pn 结组成,所以只有在 v_i 的正半周期中成为正偏,如图 8.6(b)中的②所示,基极电流流通。因此,由于集电极电流 i_c 仅在 i_b 流通时流通,结果出现如图 8.6(b)中的③所示的输入波形的一半被放大的情况。

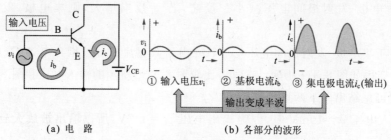

(a) 电 路　　　　　　　(b) 各部分的波形

图 8.6　若没有偏置,则输出变成半波

如图 8.7(a)所示,若对 B、E 间施加直流电压 V_{BE},即偏置电压 V_{BE} 一旦加上,则偏置电流 I_B 就流通,令 $I_B \geqslant i_{bm}$(基极电流交流成分的最大值),则集电极电流为 $I_C + i_c$,如图 8.7(b)中的③所示,获得与输入波形成比例变化的波形。还有,即使加上偏置电压 V_{BE},但假如此时流通的偏置电流 $I_b < i_{bm}$,则基极电流 $I_B + i_b$ 变得如图 8.8(a)所示,集电极电流 $I_C + i_c$ 变得如同图 8.8(b)所示,波形产生了失真。因此,设计放大电路时必须设置适当量的偏置。

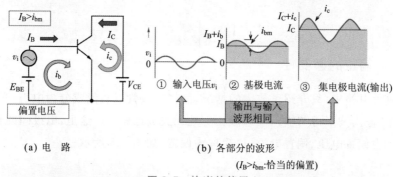

(a) 电 路　　　　　　　(b) 各部分的波形
　　　　　　　　　　　　　　　($I_B > i_{bm}$:恰当的偏置)

图 8.7　恰当的偏置

 知识点2　　固定偏置电路

若只考虑与直流有关的部分而重画前节放大电路的电路图,则变为图 8.9 所示的固定偏置电路。这是最简单的偏置电路,偏置电流 I_B 自电源 V_{CC} 经过 R_B 流通,即这一电路的偏置电流 I_B 可用下式表示:

$$I_B = \frac{V_{CC} - V_{BE}}{R_B}$$

式中, V_{BE} 的值对锗晶体三极管而言约为 0.2V, 对硅晶体三极管而言为 0.6～0.7V。因此, 由于一旦给定 V_{CC} 的值, 则该电路中的 I_B 就基本决定, 所以该电路称为固定偏置电路。这种电路虽然简单且功耗小, 但由于对温度的稳定性能差, 故多用于像玩具那样的放大倍数不高、保真度要求低的场合。

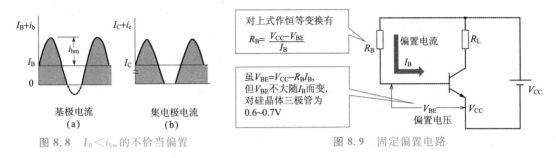

图 8.8 $I_B < i_{bm}$ 的不恰当偏置   图 8.9 固定偏置电路

  电流反馈偏置电路

作为最常被使用的偏置电路, 有如图 8.10 所示的电流反馈偏置电路。它与固定偏置电路不同的是将 R_A 和 R_E 接入了偏置回路。这种情况下, 由于 R_A 和 R_B 是对电源电压进行分压的元件, 故称为分压电阻。另外, R_E 虽称为发射极电阻, 但由于它具有使偏置稳定的作用, 故又称为稳定电阻。

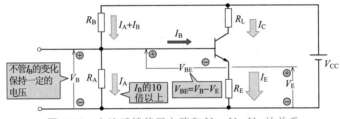

图 8.10 电流反馈偏置电路和 V_{BE}、V_B、V_E 的关系

电流反馈偏置电路的工作原理如图 8.11 所示。流过分压电阻 R_A 的分压电流 I_A 为基极电流 I_B 的 10 倍以上, 令 R_A 端电压 V_B 即使当基极电流变化时也基本保持不变。因此, 偏置电压 V_{BE} 为 V_B 与 V_E 的差, 如下式所示:

$$V_{BE} = V_B - V_E = V_B - I_E R_E$$

一旦温度上升 I_C 就会增加, 因为发射极电流 I_E 增大, $I_E R_E$ 也增大, 所以 V_{BE} 减小。若 V_{BE} 减小, 由于 I_B 减小, 所以可抑制 I_C 的增加。由此可知, 电流反馈偏置电路虽较复杂, 但对于温度变化的稳定性好。

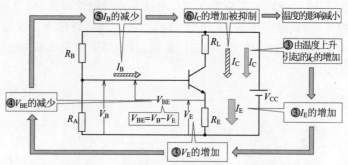

图 8.11　电流反馈偏置电路的工作原理

8.3　确定偏置电路的电阻值

　集电极电流和负载电阻的确定方法

　　放大电路设计时的电源电压,考虑到放大电路的用途、晶体三极管及负载的种类等,采用从电池或稳压电源电路获取电压等,选择适合于相应状态的电压就可以。其次,考虑如何确定集电极电流和负载电阻的值。在图 8.12 的电路中,因为集电极-发射极间的电压 V_{CE} 取值为电源电压 V_{CC} 的 $1/2$,所以可以从负载电阻 R_L 上获取最大的输出。因此,图 8.12 电路中负载电阻 R_L 上的电压降变成电源电压剩下的一半,集电极电流 I_C 表示为下式:

$$I_C = \frac{V_L}{R_L} = \frac{V_{CE}}{R_L} = \frac{V_{CC}/2}{R_L}$$

即选择集电极电流 I_C,以使 V_{CE} 成为 $V_{CC}/2$ 即可。

　　如上所述,首先确定电源电压 V_{CC},然后若确定了 I_C,则 R_L 确定。如果,根据负载的种类 R_L 先确定下来的话,则 I_C 在其后确定。通常,I_C 先被确定的时候居多,特别是对信号放大时的初级晶体三极管,由于输入电压很小,偏置电流尽可能取得小一些以防止杂音的产生,所以集电极电流取得小一些。另外,人们一般认为若对图 8.12 中的负载电阻 R_L 取较大值,则 R_L 的输出电压将变大,但如图 8.13 所示,输出或产生失真,或输出电压降低。其原因是由偏置的不恰当引起失真和一旦 I_C 降低到某种程度就会导致 h_{FE} 降低,从而使输出电压降低。

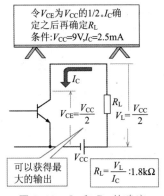

令V_{CE}为V_{CC}的1/2。I_C确定之后再确定R_L
条件：$V_{CC}=9V$, $I_C=2.5mA$

可以获得最大的输出

$$R_L = \frac{V_L}{I_C} : 1.8k\Omega$$

图8.12 I_C 和 R_L 的确定

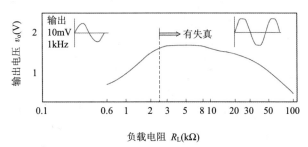

图8.13 由 R_L 的值引起的输出电压的变化

设计偏置电路时，如前面已学过的那样，对电源电压、集电极电流、负载电阻的值等有事先确定的必要。这些称为偏置电路的设计条件。

知识点2 固定偏置电路电阻值的确定方法

试求图8.14所示电路中的偏置电阻 R_B，电源电压 $V_{CC}=9V$，偏置电压 $V_{BE}=0.67V$，集电极电流 $I_C=2.5mA$，直流电流放大倍数 $h_{FE}=140$。

对基极电流 I_B，根据 $h_{FE}=I_C/I_B$，有

$$I_B = \frac{I_C}{h_{FE}} = \frac{2.5\times10^{-3}}{140} \approx 18 \ (\mu A)$$

另外，R_B 满足下式：

$$R_B = \frac{V_{CC}-V_{BE}}{I_B} = \frac{9-0.67}{18\times10^{-6}} \approx 470 \ (k\Omega)$$

因此，虽 R_B 的标称值取为 $470k\Omega$，但因为电阻器也存在误差，所以 I_C 选用的值接近2.5mA。

知识点3 电流反馈偏置电路电阻值的确定方法

试求图8.15所示电路中的 R_A，R_B，R_E 的电阻值。设计条件与固定偏置电路部分相同，电源电压 $V_{CC}=9V$，偏置电压 $V_{BE}=0.67V$，发射极电流 $I_E=$集电极电流 I_C，发射极电压 V_E $=$电源电压 $V_{CC}/5$，集电极电流 $I_C=2.5mA$，直流电流放大倍数 $h_{FE}=140$，$I_A=I_B\times10$。

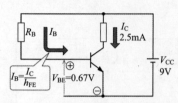

图 8.14 固定偏置电路的 R_B 的确定

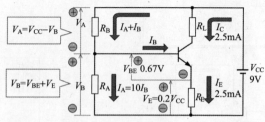

图 8.15 电流反馈偏置电路的 R_E, R_A, R_B 的确定

① R_E 的确定。因为 V_E 是 V_{CC} 的 20%，所以 $V_E = 1.8V$，另 $I_E = I_C = 2.5mA$，则

$$R_E = \frac{V_E}{I_E} = \frac{1.8}{2.5 \times 10^{-3}} = 720 \ （\Omega）$$

② R_A 的确定。基极电流 I_B 为

$$I_B = \frac{I_C}{h_{FE}} = \frac{2.5 \times 10^{-3}}{140} \approx 18 \ （\mu A）$$

因为 I_A 是 I_B 的 10 倍，所以

$$I_A = 10 I_B = 10 \times 18 \times 10^{-6} = 180 \ （\mu A）$$

R_A 的端电压 V_B 为

$$V_B = V_{BE} + V_E = 0.67 + 1.8 = 2.47 \ （V）$$

因此，对 R_A 有

$$R_A = \frac{V_B}{I_A} = \frac{2.47}{180 \times 10^{-6}} \approx 13.7 \ （k\Omega）$$

③ R_B 的确定。流过 R_B 的电流 $I_A + I_B$ 为

$$I_A + I_B = 180 \mu A + 18 \mu A = 198 \ （\mu A）$$

R_B 的端电压 V_A 为

$$V_A = V_{CC} - V_B = 9 - 2.47 = 6.53 \ （V）$$

因此，R_B 由下式确定：

$$R_B = \frac{V_A}{I_A + I_B} = \frac{6.53}{198 \times 10^{-6}} \approx 33 \ （k\Omega）$$

8.4 根据特性曲线求解偏置和放大倍数

晶体三极管的电压和电流的关系可以用静态特性曲线表示，利用这一特性曲线，试对图 8.16 所示的放大电路中的偏置电压、偏置电流进行求解。

知识点1 直流负载线的画法

如图 8.16 所示,对晶体三极管接入负载,取出其上输出时的特性称为动态特性。对这个电路若只考虑直流成分,则如图 8.17 所示,集电极电压 V_{CE} 如下所示:

$$V_{CC} = V_L + V_{CE} = I_C R_L + V_{CE}, \quad V_{CE} = V_{CC} - I_C R_L$$

根据上式,为了将 V_{CE} 和 I_C 的关系用 $V_{CE}\text{-}I_C$ 特性曲线来表示,按以下步骤进行,如图 8.18 所示。

① 求 $V_{CE} = 0$ 时的 $I_C = I_{CA}$。

$$I_{CA} = \frac{V_{CC}}{R_L}$$

现在,因为 $V_{CC} = 9\text{V}, R_L = 1.8\text{k}\Omega$,所以 V_{CE} 为 0V 时,有 $I_{CA} = 5\text{mA}$,将其取作 Ⓐ 点。

② 求 $I_C = 0$ 时的 V_{CE}。

$$V_{CE} = V_{CC}$$

故 $I_C = 0$ 时,有 $V_{CE} = 9\text{V}$,将其取作 Ⓑ 点。

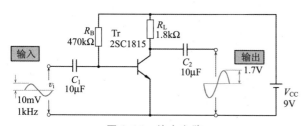

图 8.16 放大电路

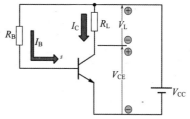

图 8.17 放大电路的直流等效电路(偏置电路)

③ 连接 A 点和 B 点画直线段 因为这一直线段 AB 的斜率由负载电阻 R_L 决定,所以称为负载线。

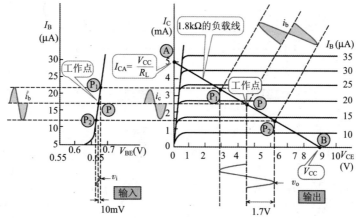

图 8.18 $V_{BE}\text{-}I_B$ 特性曲线与 $V_{CE}\text{-}I_C$ 特性曲线

知识点2 偏置电压和偏置电流的求解

V_{CE} 和 I_C 的关系总是反映在负载线上,负载线上任意的点被称为工作点。因而根据工作点可以求出偏置。例如,若在图 8.18 中将工作点置于 ⓟ,则有 $V_{CE}=4.5V$, $I_C=2.5mA$, $I_B=18\mu A$。另外,对于这一 I_B 的值,可以应用图 8.18 中的 V_{BE}-I_B 特性曲线,根据工作点 ⓟ 可得 $V_{BE}=0.67V$。

知识点3 由工作点的偏移引起的输出电压的失真

为了使输出电压 v_o 无失真地放大,由于将 V_{CE} 置于中点,v_o 可以有较大的动态范围,所以必须注意 V_{CE} 和 v_o 的关系。例如,如图 8.19 所示,将 V_{CE} 置于左右错开 2V、8V 之处,若以此为中心叠加上振幅为 2.5V 的 v_o,则 v_o 将产生失真。由上述分析可见,对图 8.18 所示的 V_{CE} 值,由于其取值为电源电压的 1/2,即处于负载线的两等分点处,故可获得最大的无失真输出电压 v_o。

知识点4 交流成分的工作原理

当输入电压 v_i 施加到图 8.16 所示的电路上时,放大的情况如下所述:

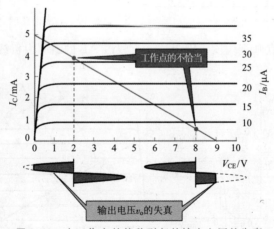

图 8.19 由工作点的偏移引起的输出电压的失真

① 可以表示出在 V_{BE}-I_B 特性曲线上,以 $V_{BE}=0.67V$ 为中心,输入电压有 $v_i=10mV$ 的

变化,即 v_i 以 ⓟ 为中心,在 ⓟ₁ 和 ⓟ₂ 之间变化。

② 可以表示出在 V_{CE}-I_C 特性的直流负载线上,i_b 的变化、i_c 的变化、输出 v_o 的变化,均分别以工作点 ⓟ 为中心,在 ⓟ₁ 和 ⓟ₂ 之间进行。

③ 输出电压 v_o 以 $V_{CE}=4.5V$ 为中心,以 $1.7V$ 的振幅进行变化。

知识点5   电压放大表示和增益

输出电压 v_o 和输入电压 v_i 之比称为电压放大倍数 A_v,由下式表示:

$$A_v = \frac{v_0}{v_i}$$

另外,电压放大倍数也有用对数表示的,称为电压增益 G_v,如表 8.1 所示,以 dB 作为单位。

$$G_v = 20\log_{10} A_v (dB)$$

另外,除电压之外,电流、功率也有放大倍数和增益,它们各自的关系如表 8.1 和表 8.2 所示。

表 8.1

电压放大倍数 $A_v=v_0/v_i$ 以及电流放大倍数 $A_i=i_o/i_i$	电压增益 $C_v=20\log_{10}A_v(dB)$ 电流增益 $G_i=20\log_{10}A_i(dB)$
1000	60
100	40
10	20
2	6
1	0
0.5	−6
0.1	−20

表 8.2

功率放大倍数 $A_p=P_o/P_i$	功率增益 $G_p=10\log_{10}A_p(dB)$
1000	30
100	20
10	10
1	0
0.1	−10
0.01	−20

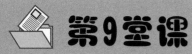

电阻器、电容器、线圈和变压器

电阻器、电容器和线圈等是电路中的晶体管或集成电路等的半导体元件工作的靠山，它们是电路中必不可少的器件。本章主要介绍电阻值的表示方法和各种电阻器的结构及用途。电容的表示方法和各种电容器的结构及用途。高频领域线圈的作用和各种线圈的结构及用途。电源变压器的结构和原理及变压器的作用等。

掌握电阻器、电容器和线圈、电源变压器的工作原理；学习电阻值、电容的表示方法；理解电阻器、电容器和线圈、电源变压器的应用技巧等。

学习目标

9.1 电阻器

知识点1   电阻值的表示方法

电阻值和电阻值的容许误差是电阻器的主要参数。根据电阻器的种类不同,有的用数字表示这些值。在电视等电子设备中的许多小型电阻器值则用色环表示。

图 9.1 是用色环表示电阻值的识别方法,第 1 道色环、第 2 道色环表示以 Ω 为单位的标称电阻值的第 1 位有效数字和第 2 位有效数字,第 3 道色环表示 10 的倍数,第 4 道色环表示以百分比表示的标称电阻值的容许误差。

电阻器的额定功率由形状的大小决定,有 1/16W,1/8W,1/4W,1/2W,1W,5W,10W 等。

色　名	第1道色环 第1位有效数字	第2道色环 第2位有效数字	第3道色环 倍数	第4道色环 标称电阻值允许误差
黑	0	0	10^0	
棕	1	1	10^1	± 1%
红	2	2	10^2	± 2%
橙	3	3	10^3	
黄	4	4	10^4	
绿	5	5	10^5	± 0.5%
青	6	6	10^6	
紫	7	7	10^7	
灰	8	8	10^8	
白	9	9	10^9	
金	——	——	10^{-1}	± 5%
银	——	——	10^{-2}	± 10%
无色				± 20%

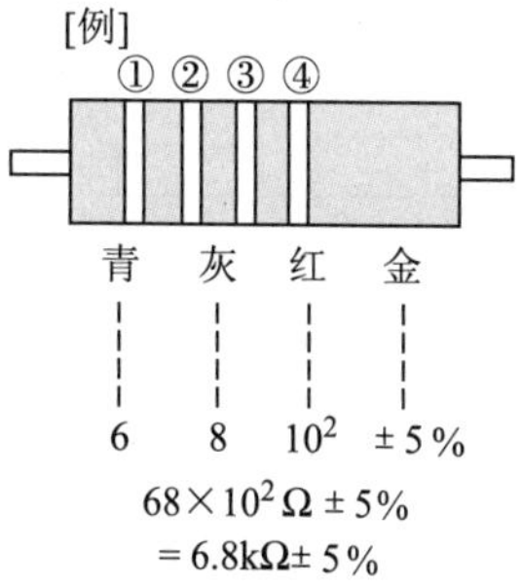

[例]

① ② ③ ④

青　灰　红　金

6　　8　　10^2　　± 5 %

$68 \times 10^2 \Omega \pm 5\%$

$= 6.8\text{k}\Omega \pm 5\%$

图 9.1 色环的识别

知识点2   固定电阻器

固定电阻器是电阻值不能变化的电阻器。固定电阻器有以铬、镍等金属作为电阻材料的金属线电阻,有以碳和碳与其他物质的混合物作为电阻材料的碳膜电阻等。表9.1是各种电阻器的外形和特征。

表 9.1 各种电阻器的外形和特征

种 类	结构或外形	特征、用途等
碳薄膜电阻（碳膜电阻）	电镀引线 色标 加螺旋断开的碳薄膜 引线焊接 成形主体 热传导性瓷器 引出头端子 印制电路板 片型	• $1\Omega \sim 10M\Omega$, $1/16 \sim 1W$ • 噪声小, 温度系数稳定 • 价格便宜 • 片型或起泡沫型在印制电路板布线时, 用于提高组装密度的场合
合成电阻（固体电阻）	色标 酚醛树脂 端子 绝缘涂料 电阻体	• $2.2\Omega \sim 22M\Omega$, $1/16 \sim 1W$ • 适合大批量生产, 价格便宜 • 由于噪声大, 所以不适于在放大器的前级使用
金属膜电阻	加螺旋拧开的金属薄膜 热传导性瓷器 成形主体 引出头端子 引线焊接 电镀引线	• $1\Omega \sim 3M\Omega$, $1/8 \sim 1W$ • 低噪声、频率特性好, 由温度引起的电阻值的变化也小, 价格高 • 用于测量仪器、通信设备等
金属氧化膜电阻器	电镀引线 字母表示 加螺旋拧开的金属氧化膜 $100\Omega J$ 绝缘涂层 热传导性瓷器 引出头端子 引线焊接	• $0.2\Omega \sim 250k\Omega$, $1/2 \sim 7W$ • 高温下稳定性好, 耐热性优良 • 小型、承受较大功率, 适合于电源电路
线绕电阻器	电镀引线 电阻线 绝缘涂层 引线焊接	• $0.1\Omega \sim 400k\Omega$, $1/2 \sim 10W$ • 温度产生的影响小, 噪声也比较小, 频率特性差, 不适于高频电路 • 用于低电阻、低功率

续表 9.1

种 类	结构或外形	特征、用途等
珐琅电阻器	电阻线　银钎焊　焊片端子　磁卷心　电阻线　珐琅　端子安装用捆扎线	• 0.1Ω～100kΩ，5～100W 以上 • 用于大功率，耐热性好
黏合电阻器	电阻线　2W 0.5Ω　陶瓷外壳　电镀铜线	• 0.1Ω～100kΩ，1～10W • 耐热性好 • 用于电源电路、控制设备等

知识点3　　集成化的固定电阻器

随着半导体集成电路的发展，在同一处使用很多电阻器的情况也在增加，由此需要制造出收容在一个组件中的集成电阻器。集成电阻器也称为电阻排，图 9.2、图 9.3 示出电阻排外形和内部等效电路的例子。

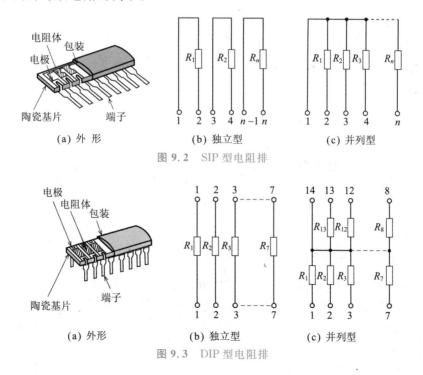

(a) 外 形　　　　(b) 独立型　　　　(c) 并列型

图 9.2　SIP 型电阻排

(a) 外形　　　　(b) 独立型　　　　(c) 并列型

图 9.3　DIP 型电阻排

知识点4   半固定电阻器和可变电阻器

电阻值可以变化的电阻器称为可变电阻器或者只称为电位器。为了调整电压或电流,只设定一次电阻值后照原样使用的电阻器称为半固定电阻器。表9.2列出了各种可变电阻器的外形和特征。

表9.2   各种可变电阻器的外形和特征

种 类	外 形	特 征
半固定电阻器	碳膜型 金属膜 西轴密承多合铅金基型	• 西密多铅基轴承合金型价格高,稳定性好 • 碳膜型价格便宜,稳定性差
碳膜式可变电阻器	端子 捏手 垫圈 挡块 轴 螺母 端子 导板式	• 应用广泛,价格便宜,稳定性也好 • 能得到希望的电阻变化特性 • 有各种双联、附加分接抽头、附加开关等
绕线式可变电阻器	滑动触头 (滑触头) 线绕电阻体 珐琅 轴 端子	• 适用于大功率,几欧至几千欧范围电阻的变化特性为 B 型 • 稳定性好,噪声小,但不适用于高频

9.2   电容器

知识点1   电容器的表示

电容器是用数字直接在本体上表示电容量和额定工作电压。如图9.4所示,有时用相当于电阻的色环的数字表示电容量(单位为 pF)或额定工作电压等。

电容器的额定工作电压是可以连续使用的直流电压。当施加的电压超过额定工作电压时,会引起泄漏电流增加、发热,从而使特性降低,由于情况不同,有时会引起绝缘破坏从而导致电容器损坏。电容器上加的电压是脉动电压时,如图 9.5 所示,要使用额定工作电压大于直流分量和交流分量之和的电容器。而正弦交流的情况,则要使用额定工作电压超过其最大值的电容器。电解电容器必定有正、负极性,极性接反时会导致损坏,所以使用时必须注意。

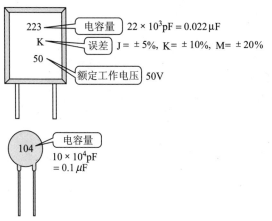

223	电容量	$22 \times 10^3 \text{pF} = 0.022 \mu\text{F}$
K	误差	$J = \pm 5\%$, $K = \pm 10\%$, $M = \pm 20\%$
50	额定工作电压	50V

| 104 | 电容量 | $10 \times 10^4 \text{pF} = 0.1 \mu\text{F}$ |

图 9.4 电容器的表示例子

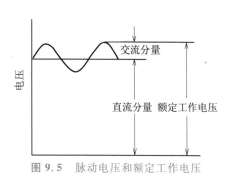

图 9.5 脉动电压和额定工作电压

 知识点2　固定电容器

电容量固定的电容器称为固定电容器。表 9.3 中示出各种电容器的名称、外形、结构、特征等。

表 9.3 固定电容器的种类

名　称	外　形	结　构	特　征
铝电解电容器	立体　圆筒型(横型)　台型	• 在铝薄片的表面形成氧化膜,把电容器纸垒在它上面卷成圆筒 • 台型是把 2 个以上的电容器放入一个外壳中,公共端接地	• $0.47 \sim 1\,000\,000 \mu\text{F}$ • $3 \sim 500\text{V}$ • 小型、大容量,但容量允许误差大 • 有极性 • 低频和电源用

续表 9.3

名　称	外　形	结　构	特　征
钽固体电容器	浸渍型 加金属外壳	将钽作电解液化处理形成氧化膜,使二氧化锰附着在它上面,以石墨做阴极	• 0.1～220μF • 3～50V • 有极性,小型、大容量 • 温度范围宽 • 特性好,寿命也长 • 耐压低,价格高 • 用于低频、时间常数电路等
聚苯乙烯电容器	引线同一方向型 立体　横型	把聚苯乙烯薄膜夹在电极之间,卷成圆筒	• 1pF～0.01μF • 50～500V • 电介质损耗小,高频特性好 • 耐热和溶剂等差 • 用于高频电路、振荡电路等
陶瓷电容器	圆片型　方型 片型 印制电路板	用银电极夹住钛酸钡等圆板,用涂料覆盖之	• 0.5～500pF(温度补偿用) • 100pF～0.47μF (高介电常数时旁路用) • 25V～5kV • 有温度补偿用和高介电常数两种 • 用于高频电路,价格便宜
聚酯电容器	聚脂电容器 金属化塑料层压薄膜电容器	有把聚酯薄膜夹在电极之间卷成圆筒的聚酯电容器和把二甲酯作为介质的金属化塑料层压薄膜电容器	• 1000pF～1μF • 50～500V • 高频特性差,用于低频电路 • 金属化塑料层压膜电容器耐脉冲特性好,有自恢复能力
云母电容器	浸渍云母电容器　镀银云母电容器	用铝板夹住云母,用酚醛树脂等树脂膜压	• 1pF～0.01μF • 50～1000V • 耐压、耐热性能优良 • 容量不变,稳定性好 • 用于高频电路,价格高
纸电容器		用铝薄片夹住绝缘纸卷成圆筒,用石蜡固定	• 1000pF～4.7μF • 50～500V 其中包括油浸电容器或 MP 电容器 • MP 电容器有自恢复能力 • 用于低频电路、电动机电路等

知识点3　可变电容器

可变电容器有改变动片(旋转叶片)和定片(固定叶片)的对置面积而连续改变电容量的可变电容器和被称为微调的用于调谐电路的补偿或本机振荡器的统调等的半固定可变电容器。表9.4中示出各种可变电容器的名称、外形、特征等。

表9.4　各种可变电容器

名称、外形、特征等		
可变电容器 空气可变电容器其电介质用空气,用于收音机等的调谐电路,振荡电路等	固定可变电容器耐高压、结构坚固。用于发射机等	有机薄膜可变电容器用介电系数高的聚乙二醇、聚苯乙烯作为电介质。不适用于高频
微调电容器 陶瓷型 达到300pF程度	云母型 达到150pF程度	薄膜型 小型 达到50pF程度

9.3　线　圈

知识点1　线圈的等效电路

线圈是将电线卷绕成螺旋状的部件,它被称为线圈、电感线圈、电感器或者简单称为 L,是在电路中作为自感起作用的部件。然而,线圈中有电线直流电阻引起的铜损以及在线圈包覆、骨架、涂料等绝缘物中产生的介质损耗。另外,把线圈绕在磁心上时,还会产生铁损的磁滞损耗与涡流损耗。因此,实际的线圈如图 9.6(b)所示,可以等效地用电感 L 和把这些损耗合在一起的电阻 R 串联来表示。这时,电阻 R 称为有效电阻。频率越高,有效电阻 R 越大。图 9.7 示出了有效电阻的频率特性。在高频处使用线圈时,线圈本身或线圈与其他金属之间存在分布电容。为此,线圈的等效电路如图 9.6(c)所示,电感和有效电阻串联再与分布电容 C_0 并联。

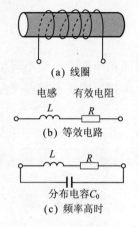

(a) 线圈

电感   有效电阻

L R

(b) 等效电路

L R

分布电容C_0

(c) 频率高时

图 9.6   线圈的等效电路

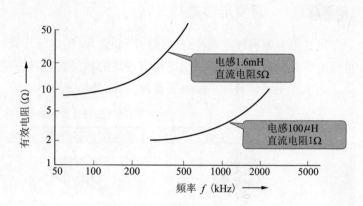

电感1.6mH
直流电阻5Ω

电感100μH
直流电阻1Ω

图 9.7   有效电阻的频率特性

 知识点2   线圈的种类和用途

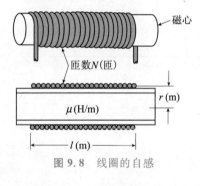

磁心

匝数N(匝)

r(m)

μ(H/m)

l(m)

图 9.8   线圈的自感

如图 9.8 所示,若绕在铁心上的线圈的匝数为 N(匝),长度为 l(m),半径为 r(m),导磁率为 μ(H/m),则线圈的自感 L 由下式表示:

$$L = \lambda \frac{\mu \pi r^2}{l} N^2 \quad (\text{H})$$

式中,λ 称为长冈系数(Nagaoka Coefficient),是由线圈的直径 $2r$(m)和长度 l(m)之比决定的常数。并且,导磁率 μ 是表 9.5 中所示物质的相对导磁率 μ_s 和真空导磁率 μ_0[$4\pi \times 10^{-7}$(H/m)]的乘积,由下式表示:

$$\mu = \mu_s \mu_0 \quad (\text{H/m})$$

因此,线圈的电感 L 根据磁心所用的材料,可以比空心时明显增大。

表 9.5   物质的相对导磁率

物　质	相对导磁率 μ_s	物　质	相对导磁率 μ_s
空气	约1	硅钢	500
羰基铁粉	3～20	坡莫合金	20000
铁硅铝磁合金	10～80	Mn-Zn 系铁氧体	600～5000

线圈有多种形状,表 9.6 中示出了多种线圈的种类、用途等。

表 9.6 线圈的种类、形状、构造和用途

种 类		形 状	构 造	用 途
空心或装入磁心	圆筒型	片型 0 1 2 3 4 5 6 7	• 空心圆筒形线圈是把线圈缠绕在塑料或陶瓷制的线圈骨架上构成的。为了防止集肤效应引起的高频电阻的增加,往往将数根细的漆包线绞合在一起(绞合线)使用 • 磁心使用压粉铁心 • 片型在铁氧体的磁心上缠绕线圈,用耐热性树脂外层覆盖线圈部分,与金属接线板形成一体化的构造	• 低频用线圈 • 高频用线圈 • 扬声器的音圈 • 继电器用电磁铁 • 片型适用于视频、无线电、电视等小型化的电子设备和通信设备
空心或装入磁心	蜂窝型		• 空心蜂窝线圈用于低频处以及需要大的电感的场合,线圈的每一根与其他线圈交叉缠绕在一起 • 磁心是在其中装入铁氧体或者羰基铁粉心	• 低频用线圈 • 高频用线圈 • 扼流圈
铁心	环型		• 把线圈缠绕在羰基铁铁粉、铁氧体、坡莫合金等的环状磁心上,漏磁通极少	• 参数器 • 磁放大器 • 传输线路变压器
铁心	内铁式和外铁式	铁心 铁心 线圈 线圈 铁心式变压器 壳式变压器	• 低频变压器 • 荧光灯镇流器 • 扼流圈 • 变压器
可调线圈				• 中频变压器 • 高频线圈 • 射频变频器振荡线圈 • VTR 用陷波线圈 • 显示器用水平偏转线圈

9.4　可调电压的电源变压器

知识点1　　　电源变压器的原理

电源变压器也称为功率变压器,图 9.9 所示是其基本电路。如图 9.9 所示,电源变压器是在铁心上缠绕线圈构成的,与电源连接的线圈称为初级线圈,与负载连接的线圈称为次级线圈。在图 9.9 中,假定铁心中的磁通 ϕ(Wb)(与 i 同相)在 Δt(s)期间以 $\Delta\phi$(Wb)的比率变化。其结果,根据法拉第和楞次定律,在 N_1 匝初级线圈和 N_2 匝次级线圈上感应的电动势 e_1 和 e_2 产生在阻碍 ϕ 的方向上,e_1 和 e_2 分别为

$$e_1 = -N_1 \frac{\Delta\phi}{\Delta t} \text{ (V)}, \quad e_2 = -N_2 \frac{\Delta\phi}{\Delta t} \text{ (V)}$$

这里,初级线圈上施加的电压 v_1 与其感应电动势(初级感应电动势)e_1 有如下的关系:

$$v_1 = -e_1 = N_1 \frac{\Delta\phi}{\Delta t} \text{ (V)}$$

另外,次级线圈的感应电动势(次级感应电动势)e_2 照原样出现在次级,在次级线圈上呈现的端电压 v_2 为

$$v_2 = e_2 = -N_2 \frac{\Delta\phi}{\Delta t} \text{ (V)}$$

v_1 和 v_2 互为反相。

设 v_1、v_2 的有效值为 V_1、V_2,若取 V_1 和 V_2 之比,则

$$\frac{V_1}{V_2} = \frac{N_1 \Delta\phi/\Delta t}{N_2 \Delta\phi/\Delta t} = \frac{N_1}{N_2} = a$$

a 是初级线圈的匝数 N_1 和次级线圈的匝数 N_2 之比,所以称为匝数比。因此,通过改变匝数比,就可以任意改变次级电压。其次,假定变压器中没有能量损耗,可认为加在初级的电功率 P_1 和在次级取出的电功率 P_2 相同,如图 9.10 所示,即

$$V_1 I_1 = V_2 I_2, P_1 = P_2$$

$$\frac{V_1}{V_2} = \frac{I_2}{I_1} = \frac{N_1}{N_2} = a$$

式中,V_1/V_2 称为变压比;I_2/I_1 的倒数 I_1/I_2 称为变流比。

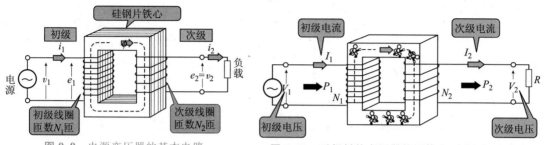

图 9.9　电源变压器的基本电路　　　　图 9.10　无损耗的变压器的匝数比、变压比、变流比

 知识点2　　变压器的铁心和线圈

① 铁心。变压器的铁心采用饱和磁通密度高、导磁率大、铁损（涡流损耗＋磁滞损耗）少的材料。广泛采用的铁心材料是硅含有率 4%～4.5%，厚度约 0.35mm 的 S 级硅钢片。把它截断成 E 型、I 型、F 型等，在其表面覆盖一层绝缘薄膜并一片一片叠起来就成为铁心，如图 9.11 所示。叠起来的铁心就称为叠片铁心。当对硅钢片进行特别处理时，仅轧制方向的相对导磁率变大，把它称为取向性硅钢片。

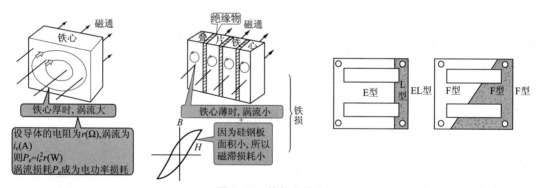

图 9.11　铁损和铁心

② 线圈。在塑料骨架或线轴上缠绕绝缘铜线（漆包线），在初级线圈和次级线圈之间，以及线圈和铁心之间，用牛皮纸、云母纸、硅酮橡胶带等进行绝缘。为了从次级线圈取出所需的电压或电流，按图 9.12 所示进行连接。这时，若线圈端子的极性接错，则需要高电压反而输出低电压，必须注意。

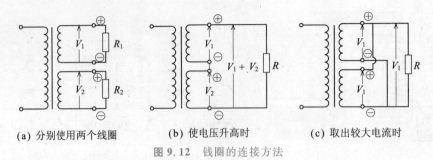

| (a) 分别使用两个线圈 | (b) 使电压升高时 | (c) 取出较大电流时 |

图 9.12　线圈的连接方法

9.5　耦合电路的变压器

低频变压器输入变压器和输出变压器,其结构和电源变压器一样,但处理的电功率小,所以体形较小。在初级加入输入信号,从次级取出所需的电压或电流。

知识点1　**阻抗匹配**

低频变压器最重要的功能是进行阻抗匹配。如图 9.13 所示,在电动势 $E(V)$、内阻 $r(\Omega)$ 的电源上接负载 R_L 时,R_L 所消耗的电功率 P_L 由下式决定:

$$P_L = I^2 R_L = \left(\frac{E}{r+R_L}\right)^2 R_L \ (W)$$

图 9.14 示出了改变 R_L 的值时,P_L 值的变化情况。

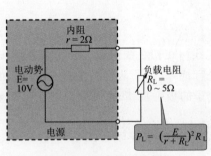

图 9.13　在电源上接负载

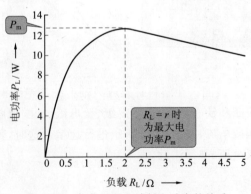

图 9.14　负载电阻和消耗电功率的关系

由图 9.14 可知,当 $R_L = r$ 时,得到最大电功率 P_m。这样,为了得到最大电功率,选负载的电阻值与电源的内阻相等,称之为匹配。这里,不改变负载电阻值而进行匹配时,就如图 9.15 所示,在负载电阻 R_L 和电源之间接入具有适当匝数比的变压器。

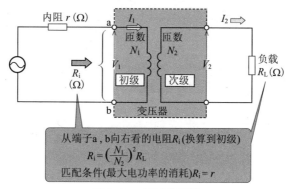

图 9.15 匹配变压器

在 9.4 节已经介绍过下列式子:

$$\frac{V_1}{V_2} = \frac{I_2}{I_1} = \frac{N_1}{N_2}, V_1 = \frac{N_1}{N_2}V_2, I_1 = \frac{N_2}{N_1}I_2$$

另外,如图 9.15 所示,若从端子 a,b 向右看的电阻为 $R_i(\Omega)$(换算到初级),则

$$R_i = \frac{V_1}{I_1}, R_L = \frac{V_2}{I_2}$$

$$R_i = \frac{V_1}{I_1} = \frac{\dfrac{N_1}{N_2}V_2}{\dfrac{N_2}{N_1}I_2} = \frac{N_1 V_2}{N_2} \times \frac{N_1}{N_2 I_2} = \frac{N_1{}^2 V_2}{N_2{}^2 I_2} = \left(\frac{N_1}{N_2}\right)^2 R_L$$

因此,换算到变压器的初级的负载电阻 R_i 为

$$R_i = \left(\frac{N_1}{N_2}\right)^2 R_L$$

它与 r 相等是匹配的条件,所以变压器必需的匝数比为

$$R_i = r, \frac{N_1}{N_2} = \sqrt{\frac{r}{R_L}}$$

这样,把以阻抗匹配为目的的变压器称为匹配变压器。输入、输出变压器也是一种匹配变压器,图 9.16 所示为在输出变压器次级接扬声器的电路。为了使扬声器发出声音,需要在扬声器的音圈上加上电信号。音圈的阻抗为 4~16Ω。在晶体管功率放大电路中,获得最大功率的负载的最佳值由电源电压和流过集电极的直流电流等决定。为此,在晶体管和扬声器之间接输出变压器,使扬声器的阻抗在表观上增大,成为最佳负载。

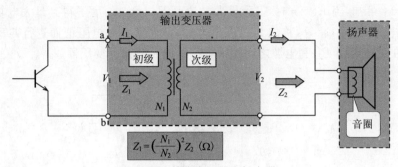

图 9.16　输出变压器和扬声器

这里，一般把输入端的 V_1/I_1 作为 Z_1，称之为输入阻抗。而把音圈的阻抗 Z_2 称为输出阻抗。因此，Z_1 和 Z_2 的关系可以用下式表示：

$$Z_1 = \left(\frac{N_1}{N_2} \right)^2 Z_2 \quad (\Omega)$$

例如，如果初级线圈的匝数为 1000 匝，次级线圈的匝数为 200 匝，音圈的阻抗为 8Ω，则输入阻抗为

$$Z_1 = \left(\frac{1000}{200} \right)^2 \times 8 = 200 \quad (\Omega)$$

因此，通过使用输出变压器，仅 8Ω 的音圈阻抗也可以变换为 200Ω 的阻抗。图 9.17 是使用输入、输出变压器的功率放大电路的例子。

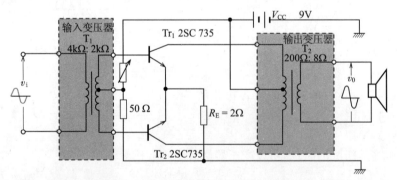

图 9.17　使用输入、输出变压器的功率放大电路（乙类推挽）

电工工具

课前导读

"工欲善其事必先利其器"，本章主要介绍电工技术人员在工作过程中用到的主要电工工具，包括使用方法、保养技巧等。

掌握基本电工工作的使用方法、分类方法及保养技巧。

学习目标

10.1 普通工具

作为一个电工必须要熟悉专业工具的正确用法。一般来说,质量较高的工具,价位也都比较高,但是会给工作提高安全性。对于一些便宜、质量较低的工具材料,它们的部件设计常会给工具本身与操作者带来压力。每种工具都是为高效、安全地完成某种特定的任务而设计的,因此一定要选择并使用适合任务的工具。

 知识点1 螺丝刀

螺丝刀是用来松开或拧紧螺丝的工具。根据其头部形状的不同,可以将其分类,如图10.1所示。它用于大部分电气安装,以及维护操作中对各种扣件的加固。因此,作为一个电气业的工作人员,必须掌握各种大小、型号的螺丝刀的使用和保养方法。

一字螺丝刀(标准螺丝刀)用于带有一字槽的螺丝。这种螺丝常用于开关的接线端、插座和灯座的安装。螺丝刀头在工作时要与扣件的槽相吻合,如图10.2所示,这样就可以保护刀头及螺槽,同时也可以防止操作者手受伤及刀头滑出螺槽划伤周边仪器。

十字螺丝刀用于带有十字槽的螺丝。十字的刀头不容易滑出螺槽,不会造成设备亮金属外层的划伤,所以它常用于户外电气装置的安装。

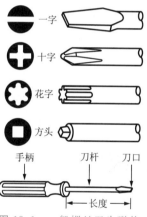

图 10.1 一般螺丝刀头形状

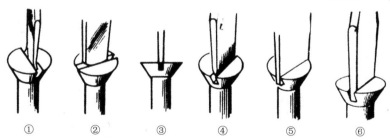

① 对于螺槽这个刀头过窄,在有压力的操作中刀头有可能发生弯曲或破裂。
② 刀头过钝或螺丝刀是旧的。这样的刀头在操作压力下会脱离螺槽。
③ 刀头过厚,它只会给螺槽带来损坏。
④ 凿面的刀头也会在操作中滑出螺槽。最好扔掉它。
⑤ 刀头与螺槽是合适的,但是它太宽了,当螺丝拧到位时,宽出的部分将会划伤木头表面。
⑥ 合适的刀头。它与螺槽很紧密地吻合同时不会越出槽的两端。

图 10.2 一字螺丝刀(标准)的正确与错误使用

花字螺丝刀是特别为带花字槽的螺丝设计的。近几年,在汽车业的产品组装中,花字螺丝刀的使用变得十分广泛。方头螺丝刀(也称为罗伯逊或者六角头螺丝刀)用于带有正方凹槽的螺丝。这种类型的螺丝与螺丝刀头可以形成滑动配合,这样螺丝就可以很容易地拧入木制材料中。这种螺丝有时会用于在托梁上加固出线盒。

还有一些特殊类型的螺丝刀:

① 偏置螺丝刀用于某些很难够得到的螺丝。

② 可吸螺丝的螺丝刀可以在工作环境较差的时候使用。使用时螺丝被吸在刀头上,直到操作完毕,这就为操作提供了很大帮助。

③ 有防滑保护的带有握垫的螺刀。

 知识点2 钳 子

当需要切断电线或给电线塑形,又或想要紧夹住某个物品时,就需要钳子来提供帮助,常见的钳子如图 10.3 所示。侧剪钳一般用于电线的啮合、翘曲和切割操作。斜嘴钳是特别为切割电线设计的,用于近距离的切割工作,如清理接线板上的电线头。尖嘴钳用于电线线圈端与接线柱螺丝连接。弯嘴钳有一个可调关节,它可以用于啮合各种型号的物体。老虎钳设计的钳牙可以紧钳住物体。

 知识点3 锤 子

锤子一般用于钉钉子、起钉子,以及敲凿子和打孔器。锤子根据不同的锤头重量可分为很多种类,如图 10.4 所示。羊角锤是木质结构建筑工作中最有用的工具。锤子的平面可以用来钉普通的钉子和 U 形钉,而羊角形的锤头可用于起钉子。圆头锤适用于猛烈敲击的操作。这样的敲击包括敲击冷凿的切割操作,在混凝土表面打孔或用力将扣件击入相应位置。

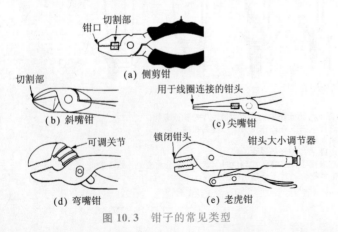

图 10.3 钳子的常见类型

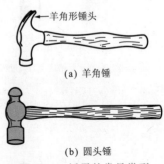

图 10.4 锤子的常见类型

知识点4　锯

锯一般用来切割部件。横剖锯一般用于切割木头,如图 10.5(a)所示。标准的弓形钢锯用于所有金属切割工作,如图 10.5(b)所示,以金属的型号和厚度来决定所需的锯齿数。铨孔锯或钢丝锯是一种精密的锯子,如图 10.5(c)所示,它一般用来在操作完成后的表面或在墙板上为出线盒锯孔。

知识点5　定准器

定准器(冲子)如图 10.6 所示,用于标志钻口的正确位置,它可以精确地给钻孔器提供准确的钻点。

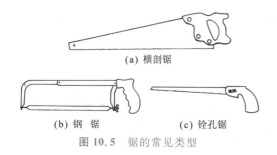

(a) 横剖锯

(b) 钢　锯　　　　(c) 铨孔锯

图 10.5　锯的常见类型

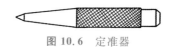

图 10.6　定准器

知识点6　扳　手

扳手用于安装和拆卸各种形状的扣件。常用的扳手有开口扳手、套口扳手、套筒扳手、活动扳手和管扳手,如图 10.7 所示。扳手在使用时必须使扳头与螺帽形状相符,否则会损坏螺帽及扳手。开口扳手用于近距离操作。在每次转动后,可以将它转回以与螺帽的另一个面相配合。套扣扳手在使用过程中,是将扳头完全地套入螺帽或螺丝头再进行操作。套筒扳手可以快速地对上螺帽。这种扳手配有相应的手柄(例如,棘轮手柄),它使操作变得

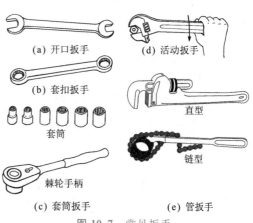

(a) 开口扳手　　　(d) 活动扳手

(b) 套扣扳手

套筒

棘轮手柄

直型

链型

(c) 套筒扳手　　　(e) 管扳手

图 10.7　常见扳手

更加快速和简单。当遇到一些奇怪形状的螺帽时,使用活动扳手将使操作变得十分便利。在使用活动手柄时,拉力要永远施加在手柄侧端的固定卡抓上。管扳手用于抓住并转动一些大的管子或管道。管扳手的类型包括直型、弯型、带型以及链型。

知识点7   螺帽起子

除了一个与螺丝刀相似的手柄,螺帽起子与套筒扳手部件十分相似,如图 10.8 所示。起子的套筒用于为电子或电气仪器上的螺帽进行加紧或拆卸操作。大部分螺帽起子的杆是空的,这样它们就可以进行螺帽与长螺钉的加紧或拆卸操作。

知识点8   艾伦内六角扳手

用一个固定螺丝将一些带有六角插座的转头和控制手柄固定在一起,称为艾伦内六角扳手(有时也叫艾伦扳手),如图 10.9 所示。用于加紧或拆卸相应类型的固定螺丝。

图 10.8   螺帽起子

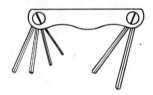

图 10.9   艾伦内六角扳手

知识点9   绝缘层剥离设备

电线与电缆的加工需要首先将绝缘层去除。剥皮钳用于去除直径较小电线的绝缘外层,刮刀则用于去除电缆或直径较大电线的绝缘外层,电缆绝缘剥离器用于去除非金属绝缘保护层电缆的绝缘保护层,如图 10.10 所示。

通过以上操作将电线切好并剥去绝缘层后,就可以使用终端线夹了。通过操作终端线夹制作插头可以将电线方便地连接到设备上,或从设备上移除。图 10.11 中给出了绝缘弯曲终端线夹及电线卷边工具的类型。

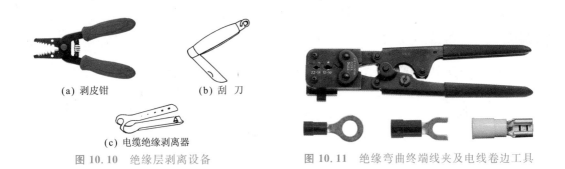

(a) 剥皮钳　　　(b) 刮 刀

(c) 电缆绝缘剥离器

图 10.10　绝缘层剥离设备　　　　图 10.11　绝缘弯曲终端线夹及电线卷边工具

 **知识点10　锉**

金属锉与木锉都是常用工具,如图 10.12 所示。金属锉用于去除由于切割或打孔造成的明显金属毛边。木锉则用于将插座盒装配到已加工好的墙面上。金属锉一般带有细小的锉齿,而木锉则带有较大且深的锉齿。

知识点11　凿 子

有两种凿子非常有用。冷凿如图 10.13(a)所示,用于加工金属材料;木凿用软金属制成,如图 10.13(b)所示,用于加工木制材料。冷凿的蘑菇状头需要被锉平,因为它会引起危险。

(a) 冷凿

(b) 木凿

图 10.12　锉　　　　　　图 10.13　凿 子

知识点12　夹片带

夹片带和卷轴,如图 10.14 所示,用于将电线从隔墙或线管中拉出或放入,由金属或塑料制成。

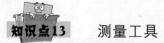

知识点13　测量工具

主要的测量工具有卷尺和直尺,如图 10.15 所示。钢制卷尺用于快速测量尺寸。用钢制卷尺对通电仪器进行测量时必须要注意安全。在不导电的木制折尺上有一个枢轴,这样它就可以随意打开至需要的长度,如图 10.15(b)所示。

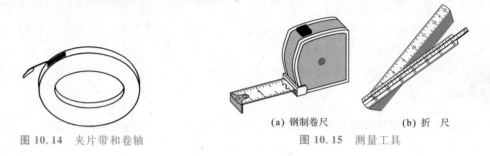

图 10.14　夹片带和卷轴

(a) 钢制卷尺　　　(b) 折　尺

图 10.15　测量工具

知识点14　电　钻

电钻用于在木头、金属和混凝土上打孔,如图 10.16 所示。电钻的型号决定于钻夹头大小及电动机的动力大小。钻夹头是电钻的一个组成装置,它用于夹住螺旋状的钻头。一个3/8 in 的钻可以安装直径在 3/8 in 以下的各个型号的钻头。便携两用电池型电钻是一种很受欢迎的工具。旋转式风钻用于在混凝土上钻孔。钻头的型号取决于想要打的孔的大小、深度以及孔所在的材质,如图 10.16所示。电钻上的螺旋钻头用于在木头上钻孔。麻花钻头用于在木头和金属上钻孔。麻花钻头由碳素工具钢或高速钢制成,其中,高速钻头比较昂贵,它可以承受高温,故用于在坚硬的材料上钻孔。硬质合金石工钻头用于在混凝土和石工材料上钻孔。电动螺丝刀使用一种特别的螺丝刀头可用来安装与拆卸螺丝。

知识点15　焊接工具

焊枪是普通焊接中的一种常用工具,如图 10.17(a)所示。焊笔常用于电路板的焊接工作,如图 10.17(b)所示。根据焊头的不同精度可将其分为多个种类,孔锯和打孔器可在电器外壳上打口,用来安装导管,如图 10.18 所示。水准仪用来对外壳和导管的延伸及弯曲进行水平测量,如图 10.19 所示。电缆切割器可对直径较大的电缆进行切割操作,如图 10.20 所示。对于合适的手柄及切割头,这种切割器的操作十分轻松,并且切割得十分干净。

打孔器

孔锯

图 10.18 孔锯与打孔器

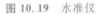

图 10.19 水准仪

图 10.20 电缆切割器

　　手动螺纹车钳和台钳用来为硬质线管车螺纹,如图 10.21 所示,在工地的许多地方都可以找到这种工具。电动螺纹铣床用来在硬质管道的特定地方车螺纹,如图 10.22 所示。铰刀用来为硬质管道清理毛刺或从硬质管道中移除毛边,如图 10.23 所示。

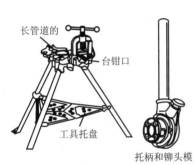

图 10.21 手动螺纹车钳和台钳

图 10.22 电动螺纹铣床

图 10.23 铰刀

　　弯管机用来将硬质管道弯曲成各种形状,如图 10.24 所示。螺丝模与成套铆头模用来为控制面板装配、螺钉、螺母和钢杆车螺纹,如图 10.25所示。电动电线拉出器用来将大的电缆和电线拉入位置,如图 10.26 所示。

手动弯管机

液压弯管机

图 10.24 弯管机

图 10.25 螺丝模与成套铆头模

10.2 工具的分组及使用

为了保证高效率作业,工具在需要的时候必须马上能拿到。所有工具可以通过使用地点和使用频率进行分组。一个可随身携带的皮质工具袋能够保证在安装与维修仪器时可随手拿到工具。如果是在维修台使用的工具,那么用配挂板来安置工具可能更为恰当。当工具既要在维修台使用,又要在施工现场使用时,最好的选择是手提式工具箱、手提式工具包或工具桶,如图 10.27 所示。

评价一位工人是否是很好的技术工人,一般根据他/她的工具质量与工具自身状况就能得出结论。质量好的工具操作得当,保持时间也很长。注意以下几点,可以使工具保持良好的工作状态:保持工具的洁净,并及时上油;准备合适的工具储藏用具;工作中正确选择工具;工作中选择恰当的工具型号;保证钻、螺旋钻头和锯条的锋利;替换变钝的钢锯条;绝不要使用手柄不稳固的锉;更换锤头松弛的锤子;尖嘴钳只能用于加工细小的电线,如果随便使用,将会造成钳头破裂或弯曲;不能用钳子对螺帽进行操作,这样会损坏钳子与螺帽;不要将钳子暴露在过高温度下,这样会减弱它的韧度和硬度,从而造成工具的毁坏;绝不要把钳子当做锤子用,也不要把锤子当做钳子用;当螺丝刀的刀口对于螺槽过大或过小时,不要使用;绝不要把螺丝刀当做撬杆或冷凿使用;保持焊枪及焊头洁净;在任何可能的情况下,使用扳手拉比推好;不要拿锤柄当做起子使用;在使用活动扳手时,始终要保证扳手大小完全胜任工作。如果使用的扳手过小将使活动颚破裂;在更换钢锯条时,保证安装锯条时将锯齿倾斜于手柄;一般塑胶把手只是为了拿起来比较舒适而并非电绝缘处理。只有经过非传导性绝缘材料处理过且标有绝缘标志的工具才是绝缘工具。

工具袋

图 10.26　电动电线拉出器

工具包

手提式工具箱

图 10.27　工具储藏用具

10.3　扣件器件

　　扣件设备有多种形式,它们用于支撑电气/电子组件及仪器。当零配件无需拆卸时,就使用永久性固件对其进行固定。永久性固定包括焊接、用钉子钉牢、用胶黏合及铆接。当固定部分将要在今后的某个时间进行拆卸,就需要使用临时性固件。临时性固件包括螺丝、螺钉、栓及销子。对于一些特定的工作,为了拥有更高更安全的工作质量与环境,扣件的使用是十分关键的,这其中包括选择所要使用扣件的正确类型与大小和正确地安装扣件。

　　知识点1　　螺钉扣

　　机械螺丝与螺帽主要用于金属配件与其他材料的连接,如图 10.28 所示。根据工作要求的不同支撑力量及压力,有多种厚度及螺距的螺丝与螺帽可供选择。粗牙螺纹螺丝的安装速度很快,因为在上紧螺帽时,每旋转一圈螺帽会前进很大的距离。而细牙螺纹螺丝则需要拧很多次螺帽才可以达到紧固的效果,但是它可以使连接表面达到完美的压合效果。大多数与螺丝搭配使用的螺帽都是六角形螺帽或方形螺帽。使用带翼的螺帽是为了在不用扳手的情况下快速拆卸和上紧扣件。用于制造业的扣件有许多不同的螺纹样式。各种螺纹的扣件是

根据已制定的工业统一标准制造的,根据不同的操作选项可选择相应的螺纹样式扣件。统一标准确定了以下三个螺纹系列:

① 统一标准中的粗牙螺纹系列 UNC/UNRC 是最常用的一种螺纹体系,它应用于大多数的螺丝、螺钉及螺帽中。粗牙螺纹标准用来制造低强度材料的螺钉,包括铸铁、低碳钢、软铜合金、铝等材料。粗牙螺纹系列还可以用来做快速安装及拆卸的螺钉。

② 统一标准中的细牙螺纹系列 UNF/UNRF 被用于要求比粗牙螺纹系列具有更高抗张强度的应用中,并且适用于较薄的墙壁。

③ 统一标准中的超细牙螺纹系列 UNEF/UNREF 适用于当啮合长度比使用细牙螺纹系列的啮合小时。同时,所有使用细牙螺纹系列的应用都可以使用超细牙螺纹系列。

统一标准还确定了不同的螺纹等级。不同的螺纹等级有不同的配合公差及加工余量。1A,2A,3A 等级一般应用于外螺纹;1B,2B,3B 等级一般应用于内螺纹。3A 及 3B 等级可以提供最小的配合公差间隙,1A 及 1B 等级则有最大的配合公差间隙。图 10.29 中示出了扣件中如何标示螺丝螺纹。

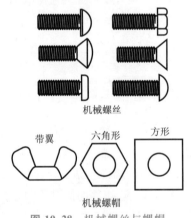

图 10.28　机械螺丝与螺帽

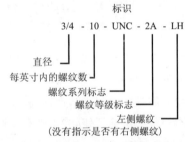

图 10.29　扣件的螺丝螺纹标标

如图 10.30 所示,标准平垫圈固定在螺帽或螺钉上提供了更大表面。平垫圈使扣件以一个较大的面积接触材料,这样可以防止扣件与材料表面紧连,造成材料表面的划伤等问题。锁紧垫圈用来防止螺丝与螺帽松开。如图 10.31 所示,螺纹成型的自攻螺钉,也称为金属片螺钉,在连接金属与金属的操作中使两者完美地结合,并提供较快的安装速度。当拧入材料时,自攻螺钉会自己车出螺纹。这样,就不需要在安装螺钉前先在装配孔车出螺纹,只需要打出一个大小合适的装配孔就可以了。另外,一些自攻螺钉可以自己完成钻孔,这样就省去了钻孔与定位零件的工序。自攻螺钉主要用于小型量规的金属部件的固定和组合。如图 10.32 所示,木螺钉有多种不同长度和直径的型号。对于木质结构的盒子与面板外壳,当钉子的强度不能满足需求时,往往采用木螺钉。木螺钉的长度,是指它从头至尾的长度。用0~

24 的标号标出木螺钉的直径。木螺钉的标号数越大,它的直径就越大。在选择木螺钉的长度时,一个很好的方法是,需要嵌入部分的长度是我们所选定长度的 2/3。

(a) 标准平垫圈　　(b) 锁紧垫圈

图 10.30　垫圈　　　　　图 10.31　自攻螺钉　　　图 10.32　木螺钉

 知识点2　　石材扣件

　　由于目前石料的使用十分广泛(混凝土和砖),因此,在安装电气设备时经常碰到要在石料表面进行加固的操作。如图 10.33 所示,混凝土/石材螺钉用于在不使用支撑物的情况下将设备固定在混凝土、石块或砖块上。混凝土/石材螺钉的设计使它可以在混凝土、石块或砖块上事先打好的孔中自己攻出螺纹。可以直接拧入到事先打好的装配孔中的螺钉,一定要有螺钉制造商标明的螺钉直径与长度。当把螺钉拧入混凝土中时,螺钉上的螺纹嵌入墙中孔的两侧,然后与摩擦出的螺纹紧密咬合在一起。机械锚栓用于当扣件单独使用并有一种拔出的趋势存在时,保护各种材料的扣件不会松动脱离位置。无论怎样的锚栓设计,各种锚栓的工作原理都是相同的。锻模斜度有一层外表面,上面有许多齿因此比较粗糙。当锚栓插入相应的钻孔中时,粗糙的表面加大了锚栓与钻孔内壁的摩擦。锻模斜度的内表面有一定的锥度,这个锥度与相应的膨胀塞锥度相符。单步楔式锚栓可通过装配孔被安装在要固定的组件上。这是因为锚栓与它要被安装的钻孔两者的直径相同。单步楔式锚栓的类型包括楔式、钮式、

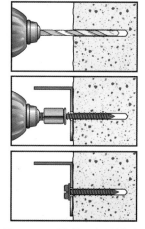

图 10.33　混凝土/石材螺钉

套式、螺形式及钉式。图 10.34(b)示出了重型单步楔式锚栓的安装过程。楔式锚栓由螺帽及垫圈组成。钻孔的实际深度并不重要,只要不浅于制造商推荐的最小深度就可以了。当钻好孔后,应马上将孔内的残料及其他物质清理出去,因为正确的安装必须在干净的钻孔内实施。然后将锚栓敲入孔中,保证进入一定的深度至少有 6 道螺纹能够拧入到组件表面下。最后,拧紧锚栓螺帽以膨胀锚栓,并将锚栓固定在钻孔的组件上。

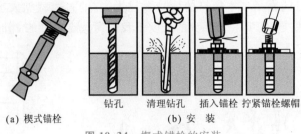

(a) 楔式锚栓　　钻孔　　清理钻孔　　插入锚栓　　拧紧锚栓螺帽
　　　　　　　　　　　　　　(b) 安 装

图 10.34　楔式锚栓的安装

方头螺钉及套管常用于在石料上固定重型仪器,如图 10.35 所示。方头套管主要作为一个引导管,它在纵向分离钻孔,最后与钻孔的底部相接。套管一般放置在石料上事先钻好的装配孔内。当将一个方头螺钉旋入套管中时,套管会在钻孔中膨胀从而牢固固定螺钉。选择合适的螺钉长度十分重要,长度合适的螺钉能使套管膨胀到最佳状态。方头螺钉的长度应等于需要固定的机件厚度加上套管的长度。同时,在石料中的钻孔深度要比套管长度长 1/2 in。螺钉锚栓是一种轻型锚栓,用于安装与支撑材料表面平齐的装配,根据锚栓类型可用木制或金属片螺钉连接。螺钉锚栓的常见类型是尼龙和塑料制的锚栓。螺钉锚栓是一个套管,当螺钉插入并拧紧时,锚栓就会膨胀。这种锚栓可以用于所有类型的支撑材料,包括混凝土和石膏干砌墙。一些螺钉锚栓为了可以用于较薄的墙和空心材料,还带有防扭转法兰。图 10.36 中示出了典型的螺钉锚栓安装过程。

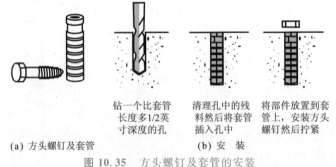

(a) 方头螺钉及套管　　钻一个比套管长度多1/2英寸深度的孔　　清理孔中的残料然后将套管插入孔中　　将部件放置到套管上,安装方头螺钉然后拧紧
　　　　　　　　　　　　　　　　(b) 安 装

图 10.35　方头螺钉及套管的安装

知识点3　火药驱动工具及扣件

火药驱动工具及扣件用于将各种特殊设计的钉和双头螺栓扣件钻入石材或钢材中,如图 10.37 所示。火药驱动工具是一种手动工具,通过一个装有炸药的管头爆炸后产生的爆破力,它可以将钉子、双头螺栓、螺钉或相似的零件钉入或穿透建筑材料。这类好似手枪开火一般的工具,就是利用引爆火药而得到的爆破力将扣件顶入材料中。由于这些工具要靠不断震

动击打扣件才能将其顶入混凝土或钢材中,所以它们的固有危险性要超过标准的火药工具。只有审定的操作员才可以使用这种火药驱动扣件工具。

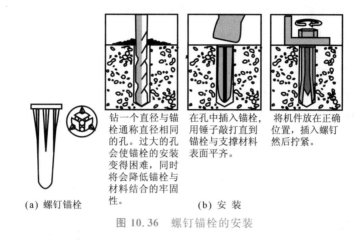

(a) 螺钉锚栓

钻一个直径与锚栓通称直径相同的孔。过大的孔会使锚栓的安装变得困难,同时将会降低锚栓与材料结合的牢固性。

在孔中插入锚栓,用锤子敲打直到锚栓与支撑材料表面平齐。

将机件放在正确位置,插入螺钉然后拧紧。

(b) 安 装

图 10.36 螺钉锚栓的安装

知识点4 中空墙扣件

许多扣件在安装时会被要求安装在一些表层很薄、密度很低的材料上,如墙板和石膏板。这就使对锚栓的选择只能定位在小型螺钉锚栓上。弹簧翼套索螺栓就是一种用于墙板、石膏板或具有相似表层的后面有空间的扣件,如图 10.38 所示。当机械螺栓穿过需要装配的设备以后,再把钢翼安装到螺栓上。然后把钢翼插入事先在安装部位打好的钻孔中。只要孔后面已经清理干净,弹簧翼在穿过孔后就会张开。这时,拉着螺栓使里面的钢翼顶在内壁上,然后边拉边拧紧螺栓,这样设备就被固定在材料表面上了。这种扣件一旦被使用就不能再用,因为事实上由于弹簧翼部分都在墙里面的空间里,所以根本无法拆卸下扣件。

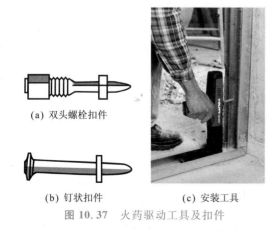

(a) 双头螺栓扣件

(b) 钉状扣件

(c) 安装工具

图 10.37 火药驱动工具及扣件

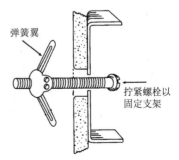

弹簧翼

拧紧螺栓以固定支架

图 10.38 弹簧翼套索螺栓

一些地方安装仪器以后需要能够再拆卸并更换仪器位置,可以使用图 10.39 所示的套管式墙板锚拴。锚拴下面的尖头可以抓在墙板或其他介质上,这样就可以在安装过程中避免锚拴旋转。当锚栓拧进墙后,它的锚会张开,这样就可以从介质的后面把自己固定住了。当安装好以后,螺栓还是可以随时被拆卸下来。标准型锚栓的安装需要在材料上打一个符合要求的孔,而驱动型锚栓则不需要钻孔只需使用锤子将它敲进去即可。

石膏板螺栓是一种自攻型零件,是一种用于墙板的轻型扣件,如图 10.40 所示。使用带有菲利普斯式螺丝头的螺丝刀将这种锚栓拧入墙面中,直到锚栓头与墙面齐平为止。然后,将需要固定的配件放在锚栓上,再用一个金属片螺钉拧入锚栓中将配件固定。无论在中空墙或天花板上安装哪种锚栓,都必须参照锚栓制造商提供的说明书中有关钻孔孔径、墙厚度及拉力和剪切负载等指导操作。

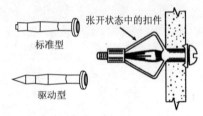

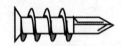
石膏板螺钉锚栓

石膏板螺钉锚栓和扣件

图 10.39 套管式墙板锚栓　　图 10.40 石膏板螺栓的安装

第11堂课

电工仪表

电工仪表是实现电磁测量过程中所需技术工具的总称。在电工测量仪表中，最大众化的万用表是一种集元器件的检测、电路的导通试验、电源电压检验等多种功能于一体的仪表，应用起来十分便利。

掌握模拟式万用表和数字式万用表的工作原理、特点、不同之处及应用方法。学习用万用表测量直流电流、交流电压、电阻、二极管等。

学习目标

11.1 模拟式万用表

知识点1 测量前应明确的事项

模拟式万用表的测量状态包直流电压(DC.V)、直流电流(DC.mA)、交流电压(AC.V)、电阻(Ω)等,如图 11.1 所示。此外还附有电池检验、温度测量、静电电容测量(C)等的标尺。使用模拟式万用表时应明确以下事项:仪表的指针是否在零位(用螺丝刀旋转零点调整螺丝);万用表表笔的红、黑极性是否正确(红色接⊕端子、黑色接⊖端子,⊖端子有时用 COM 表示);旋转开关旋至 Ω 状态时作调零校验(为了检验电路保护用熔断器是否熔断,内部电池是否有电);确定旋转开关的测量状态(选择 DC.V,AC.V,DC.mA 或 Ω);量程选择是否合适(被测值大小不明时,应首先置于大量程);测量状态切换时,表笔应脱离被测电路。

知识点2 仪表保护电路

仪表的保护电路如图 11.2 所示,设置了与仪表并联的保护二极管,目的是使仪表的过电流由二极管旁路,起到保护仪表的作用。另外,设置了 0.3A 熔断器与仪表串联,以便发生过电流时切断电路。

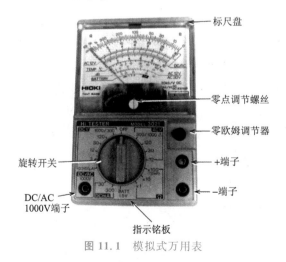

图 11.1 模拟式万用表

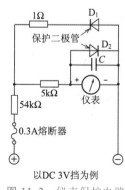

以DC 3V挡为例

图 11.2 仪表保护电路

由于万用表是多功能仪表,使用时难免发生错误。例如,万用表在 DC. mA 状态或 Ω 状态时却加上了 100V 电压。电压加上的瞬间,仪表指针大幅度偏转,然后就再也不动了。是万用表烧坏了吗?打开表壳一看,原来只是熔断器烧断了,其他什么事也没有;或者是分流器电阻烧坏了,而仪表本身并无大碍。这是因为万用表的保护电路动作的缘故。

知识点3   直流电流的测量

模拟式万用表中,直流电流的量程在 0.1~600mA 的范围内,数十微安的微小电流可以测量,而对于较大电流的测量是不合适的。图 11.3(a)所示为测量光笔接通电流的情况。使用两节电池的手电筒的接通电流对于万用表的 500mA 挡感到量程不够,因此选用了光笔。图 11.3(a)中,将旋转开关旋到万用表的 500mA 挡,将红色表笔接至电池的 ⊕ 极,黑色表笔接至灯泡。光笔的金属外壳由引线相连接,当光笔开关接通时就可以测量电流了。

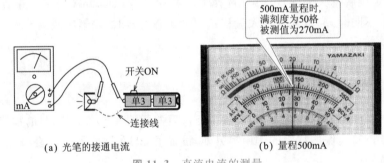

(a) 光笔的接通电流   (b) 量程500mA

图 11.3   直流电流的测量

知识点4   交流电压的测量

家庭中常用的是交流工频电源。将万用表的旋转开关旋至 AC 120V 挡,把表笔插入电源插座。表笔的极性在交流的场合可不必考虑。如图 11.4 所示,标尺中没有 120V 的分度,可将 12V 的分度扩大 10 倍即可。由指针的偏转读得被测电压为 104V(我国交流工频低压电源为 380V 和 220V,使用时应注意)。

知识点5   电阻的测量

在电阻的测量方法中,用万用表测量的测量精度较差,但由于测量方法简单而被广泛应用。测量电阻前应将旋转开关旋至电阻测量状态,然后调零。调零时将两表笔短路并旋转零欧姆调节器(调零电位器),把指针调整到 0Ω,由此进行电阻标尺校正。测量时将万用表的表笔与电阻引线接触并读取电阻值。现以 5kΩ 碳膜电阻的测量来说明。图 11.5(a)中,用 $R\times$ 10 量程测量时为接近 5kΩ 的值,但不能读出准确值。因此,改用 $R\times$100 量程重新测量(量程改变,应重新调零)。指针偏转如图 11.5(b)所示,由于分度变宽,可以测定为 4.8kΩ。电阻测量时,很重要的一点是选择适当的量程,使指针偏转至中央偏右的一侧,可以使测量具有较高的精度。万用表中电阻表的内部电池、零欧姆调整器与电流表串联连接。当表笔短路时,电流从内部电池的⊕极经黑表笔、红表笔流向电流表的⊕端子。若使两个表笔分离,则黑表笔为电池电压 E 的⊕极,而红表笔为电池电压 E 的⊖极。

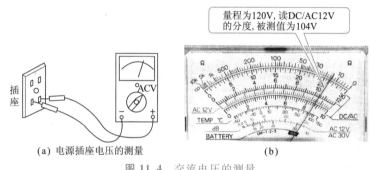

(a) 电源插座电压的测量 (b)

图 11.4 交流电压的测量

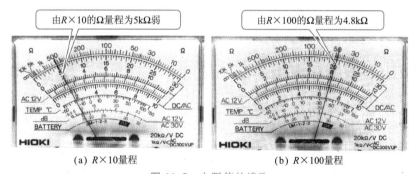

(a) $R\times$10量程 (b) $R\times$100量程

图 11.5 电阻值的读取

 知识点6   二极管的测量

二极管和三极管等是有极性的半导体元件。对这类元件进行电阻测量时(检查元件的好、坏),要十分注意电阻表的极性。图 11.6 示出了用电阻表判定单向导通的二极管的好坏。图 11.6(a)中对于二极管来说表笔为正向接法,由于二极管正向电阻很小,选择电阻量程为

$R\times1$,测量值为 20Ω。图 11.6(b)中电阻表测量的是二极管的反向电阻,故选择 $R\times1k$ 的高电阻量程,由指针的偏转可知,二极管的反向电阻值为∞。由测试结果可以确认,这个二极管是一个能正常工作的元件。如果用上述方法测得的正、反向电阻为相同的低电阻,则说明二极管内部已经短路;如果测得的正、反向电阻均指向∞,则说明二极管内部已经断路。

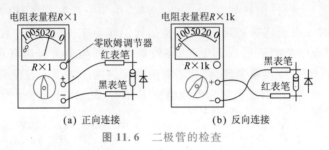

(a) 正向连接　　　　　　　(b) 反向连接

图 11.6　二极管的检查

11.2　数字式仪表

 知识点1　　用数字电压表测模拟量

　　温度、压力、速度、长度等物理量能够变换成电信号,这些信号可以用数字式仪表正确测量。图 11.7 所示为温度测量时数字式电压表的使用方法。用热敏电阻(电阻值随温度变化的元件)把温度(物理量)变换成电压信号,然后用数字式电压表来测量电压信号(显示温度)。数字式电压表的内部由图 11.7 的虚线框中几部分构成。首先把输入电压用 A/D 转换器变换成数字量,然后由计数电路对脉冲数计数,最后由显示电路对温度值进行数字显示。

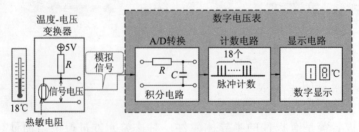

图 11.7　用数字式电压表测量温度

知识点2　　A/D 转换器的构成

把随时间连续变化的模拟量变换成数字量的过程如图 11.8 所示。图 11.8(a) 为根据输入信号的变化速度确定采样时间(t_1, t_2, …),并取出采样值的过程,称为标本化(采样动作)。图 11.8(b) 所示为使已标本化了的采样值的大小数值化的过程,称为数值化。图 11.8(c) 为把已数值化了的数变换成二进制符号或脉冲数的过程,称为符号化。输入信号经过标本化,数值化及符号化的过程就是 A/D 转换。图 11.8 说明了 A/D 转换的基本构成。实际 A/D 转换器可分为双积分式(测量仪器仪表用)、逐次逼近式(数字音频用)和反馈比较式(视频信号处理用)等。这里仅就适用于测量仪器仪表的双积分方式加以说明。

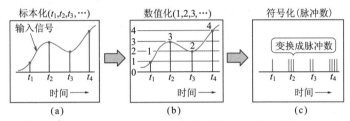

图 11.8　模拟量(A)变换成数字量(D)的过程

图 11.9 中以水槽的水位为例说明了双积分方式。图 11.9(a) 中,当输入信号分别为 4V 或 2V 时,两个上水口阀门开启到与 4 或 2 相当的程度,使水流入水槽。同样于 60s 后关闭,则两个水槽将产生水位差。图 11.9(b) 中,将水槽底部阀门打开放水并测定水槽放空的时间,对于 4V 的水槽为 40s,而 2V 的水槽为 20s。这就是说,双积分式的 A/D 变换可以把模拟量的输入信号(电压)变换成时间上的数字量。

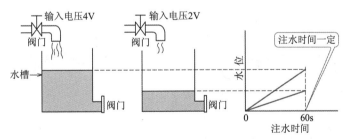

(a) 上水阀门打开,水位与输入信号成比例地上升

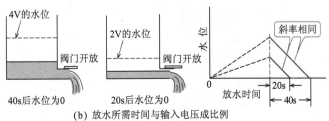

(b) 放水所需时间与输入电压成比例

图 11.9　用水位来说明双积分方式

　　图 11.10 所示为双积分式 A/D 转换器的说明图。首先使输入电压通过电子开关，并在一定时间内积分。然后，电子开关切换，使与输入信号反极性的基准电压积分。用电压比较器检测出过"0"点并把信号送至控制电路。这样，输入电压信号（模拟量）变换成了时间量（门控信号）。进一步把这一时间量变换成脉冲信号，并对脉冲进行计数和数字显示。

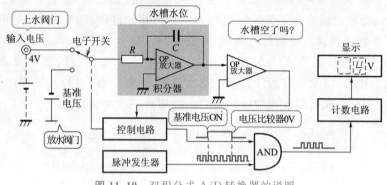

图 11.10　双积分式 A/D 转换器的说明

知识点3　数字式万用表的构成

　　数字式万用表主要有直流电压、直流电流、交流电压、交流电流以及电阻等测量状态。除上述基本状态之外，还可以具备温度、频率、周期、dB 等的测量以及测量数据的记忆等功能。图 11.11 所示为数字式万用表的构成图。用 DC. V 表和 AC. V 表测量时，输入电压加到分压器的电阻网络上，根据电压的大小，采用电子开关自动转换量程。然后将通过手动切换开关的输入电压经 A/D 转换后数字显示被测值。用 DC. A 表和 AC. A 表测量时，选择手动切换开关为电流测量状态，同时选择交、直流测量状态。然后将输入电流送入分流器的电阻网络，由电子开关自动转换量程，经 A/D 转换后数字显示被测值。测量电阻时，手动切换开关打到电阻测量状态，被测电阻接到测量端子上。由电阻网络自动选择量程，经 A/D 转换后数字显示被测值。

知识点4　数字式电压表的输入电阻

　　数字式电压表具有测量准确度高、输入电阻大等优点。输入电阻大的原因是 A/D 转换器前面的分压器采用了高阻电阻。例如，输入电压小于 0.3V 时，自动量程切换电路接通 0.3V 开关，手动切换开关选择 DC. V、AC. V 后，输入电压加到 A/D 转换器。A/D 转换器具有输入阻抗为 1000MΩ 的超高值电阻，即 0.3V 电压表的输入电阻为 1000MΩ。当输入电压大于 0.3V 时,例如,为 20V,自动量程切换电路接通 30V 开关。这时输入端子与地之间的输入电阻为 $10M\Omega+100k\Omega=10.1M\Omega$。

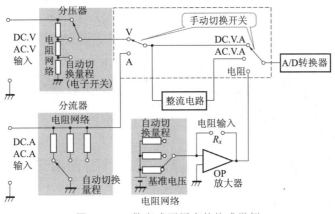

图 11.11 数字式万用表的构成举例

11.3 数字式万用表的使用方法

知识点1 直流电压的测量

图 11.12 示出了数字式万用表的外观及其电气性能。数字式万用表有多种类型,从多功能高性能型(价格高)到与模拟式万用表功能相同的低价格普通型。这里以手持型为例说明其使用方法。

首先,把数字万用表的测量状态选择开关旋至直流电压测量(V)的位置并接通电源,则显示器中将出现可能显示的全部数字及符号,如图 11.13(a)所示。2s 后蜂鸣器鸣叫,同时显示器移行并显示直流电压测量状态,如图 11.13(b)所示。测量量程为从低电压量程到高电压量程的自动量程切换结构。图 11.13(b)中,由于尚未输入被测电压,因此自动选择了 300mV 的低量程。下面,测量一下 1.5V 干电池(新品)的电动势。把红表笔接到电池的 $\oplus$ 极,黑表笔接到电池的 $\ominus$ 极,则显示被测值为图 11.13(c)所示的 4 位数字 1.652。按动 RANGE 键一次,则从自动量程切换变换到手动,可以看到小数点位置的移动。如果按住 RANGE 键 2s 以上,则返回自动量程切换状态。

7532-02(横河仪器制造)的主要性能

直流电压测量　　　　　测量准确度：±(%rdg+dgt)

量　程	300mV	3V	30V	300V	1 000V
分辨率	100μV	1mV	10mV	100mV	1V
输入电阻	1GΩ以上	11MΩ	100MΩ		
测量准确度	0.35%+2	0.5%+1			

交流电压测量

量　程	3V	30V	300V	750V
分辨率	1mV	10mV	100mV	1V
输入电阻	11MΩ	10MΩ		
测量准确度	1.0%+4(40~500Hz)			

直流电流测量

量　程	300μA	3mA	30mA	300mA	10A
分辨率	100nA	1μA	10μA	100μA	10mA
内电阻	约500Ω		约5Ω		0.02Ω
测量准确度	1.0%+2				

交流电流测量

量　程	300μA	3mA	30mA	300mA	10A
分辨率	100nA	1μA	10μA	100μA	10mA
内电阻	约500Ω		约5Ω		0.02Ω
测量准确度	2.0%+5(40~500Hz)				

电阻测量

量　程	300Ω	3kΩ	30kΩ	300kΩ	3MΩ
分辨率	100mΩ	1Ω	10Ω	100Ω	1kΩ
测量准确度	0.7%+2	0.7%+1			1.5%+1

外观

其他功能
- 数据保存
- 量程同步
- 导通检验
- 二极管检验
- 拾音器(ADP)

图 11.12　数字式万用表的电气性能举例

(a) 初始信息显示　　　(b) 直流电压测量状态　　　(c) 电池电压的测量

图 11.13　数字式万用表测量直流电压

知识点2　最大读数的意义

　　显示位数的多少是数字万用表的性能之一。4 位数的最大读数为 9999,而实际仪表中,最大读数往往是 1999 或 3999。由于这些读数比 4 位最大读数小,故称之为 3 1/2 位仪表。图 11.12 所示万用表的最大读数是 3200。下面以该万用表为例,用实验来确认一下 3200 的意义。把万用表接到图 11.14 所示的直流稳压电源上,在 3V 量程下,当电源上升至 3.199V 时如图 11.14(b)所示。当被测电压稍稍超过 3.199 时,由于超过了最大读数 3200,将自动切换到高一挡量程 30V,成为图 11.14(c)所示的 3 位数 3.20。由此可知,当被测值超过 3199 的瞬间,仪表的显示位数从 4 位变为 3 位,这样一来仪表的精度下降了。可见,最大读数愈大,仪表的准确度愈高。

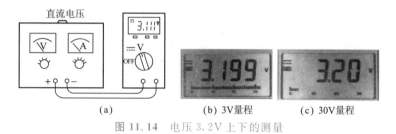

(a)   (b) 3V量程   (c) 30V量程

图 11.14 电压 3.2V 上下的测量

知识点 3   数字式仪表的误差

所谓测量器具的误差就是该测量器具的测量值(显示值)与其真值之间的差。测量器具制作时无论怎样提高精度,测量时也总会产生误差。因此应事先确定仪表所能允许的误差,按照该允许误差来制作仪表,并在说明书中写明其测量准确度。图 11.14 所示的数字万用表的测量准确度如图中所示。对于 DC. V 3V 量程,其准确度为 $\pm(0.5\%\text{rdg}+1\text{dgt})$。rdg 为 reading 的略写,表示读取的值。dgt 是 digit 的略写,表示最小位数的数值。图 11.15 示出了最大读数为 40999 的高级数字式多功能仪表。其直流电压表 4V 量程的测量准确度为 $\pm(0.07\%\text{rdg}+2\text{dgt})$,可见是一种具有很高精度的仪表。

直流电压测量时的性能

量 程	分辨率	测量准确度	输入电阻
40mV	1μV	0.08%+7	100MΩ
400mV	10μV		1000MΩ
4V	100μV		
40V	1mV	0.07%+2	
400V	10mV		10MΩ
1000V	100mV		

图 11.15 最大读数 40999 的数字式多功能仪表

知识点4 电流的测量

测量电流时,应把状态选择开关旋至电流测量状态。数字式万用表的电流测量状态一般为 2 个,即 300mA 的低量程状态和 10A 的高量程状态。在低量程状态时具有自动量程切换功能。当大于 300mA 的电流流过时,显示 O.L(over range 超出量程)。500mA 以上电流流过时,保护电路的熔断器熔断,以保护万用表。使用 10A 的高量程状态时,表笔应切换到专用的 10A 端子上。由于高量程状态时仪表没有保护电路,所以被测电流绝对不可以超过 10A。万用表烧毁的原因中,大多数都是由于把表笔插入 10A 端子却误去测量电压而造成的。在 mA 状态或 Ω 状态而误测电压时,因熔断器熔断而使万用表电路得以保护,如图 11.16 所示。

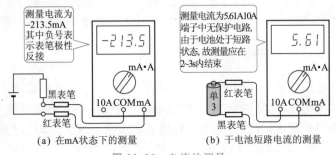

(a) 在mA状态下的测量   (b) 干电池短路电流的测量

图 11.16 电流的测量

 知识点5 电阻的测量

测量电阻时,切换开关应旋到 Ω 状态。表笔开路时,万用表显示 O.L(超出量程),如图 11.17(a)所示。测量电阻之前,模拟式万用表应作调零确认,而数字式万用表则无此必要,而只需确认表笔的接触电阻等的大小。调零时应在低量程的 300Ω 挡下进行,如图 11.17(b)所示。接着就可以将表笔接触被测电阻引线进行测量了。

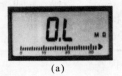 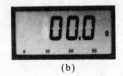

(a)   (b)

图 11.17 Ω 状态时的显示

知识点6　　测试二极管

　　用简单方法测试二极管和三极管等有极性的半导体元件时,可以用模拟式万用表的 Ω 状态。数字式万用表在 Ω 状态时,由于加到半导体元件上的电压很低,不能测试正向电阻。因此,数字式万用表中设置了二极管检验状态(→+)。图 11.18(a)为二极管正向电压的测试。红表笔接二极管⊕极,黑表笔接二极管⊖极(这一点与模拟式万用表相反)。正向电压显示为 0.560V。为什么会显示出这样的电压值呢? 在二极管检验状态下,半导体元件中将流过约 0.6mA 的电流,从而产生元件的正向电压降,这就是显示出的 0.560V 电压。这一点由图 11.18(b)所示的二极管正向特性曲线得了证实。由于二极管反向电流不能流通,故其反向电压显示为 O.L。

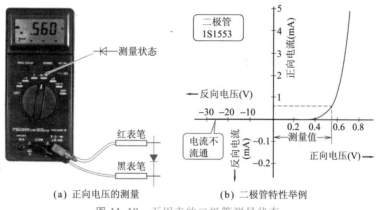

(a) 正向电压的测量　　　　(b) 二极管特性举例

图 11.18　万用表的二极管测量状态

第12堂课

三相感应电动机

课前导读

三相感应电动机是由定子绕组行程的旋转磁场与转子绕组中感应电流的磁场相互作用中产生电磁转矩驱动转子旋转的交流电动机。本章主要介绍三相感应电动机的原理、结构、性质、启动和运行方法等。

理解什么是三相感应电动机；掌握三相感应电动机的工作原理、结构及运转方法；学习特殊宽型三相感应电动机和单相感应电动机。

学习目标

12.1　三相感应电动机的原理

知识点1　三相感应电动机的工作原理

三相感应电动机的工作原理如图 12.1 所示。

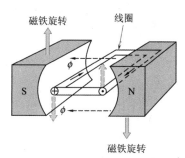

磁铁旋转　　线圈

因电磁感应线圈产生感应电动势,沿线圈有电流流通。这可应用右手定则。磁铁向右转相对地说等于线圈向左转。

磁铁旋转

图 12.1　三相感应电动机原理图

知识点2　转动磁铁使线圈转动

如图 12.2 所示,磁铁向右转,可以认为这和内侧的线圈相对向左转是一样的。现在用右手定则。移动方向为向下,磁通方向为从右至左,电动势方向为从前(书面)到后,电流将沿线圈形成环流。这一环电流和磁铁作用产生的电磁力为:当电流由前到里时,磁通从左到右,力的方向应向上。就是说,线圈随着磁铁转动的方向而转动。

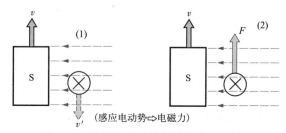

图 12.2　线圈跟着磁铁转动的方向而转动

知识点3　　旋转磁场

感应电动机的工作原理是不用转动磁铁而使磁场旋转,这和使磁铁转动的作用是一样的。图 12.3 所示的原理图是以两极为例的情况。该图表示对应 $t_0,t_1,t_2,t_3,\cdots$时刻,磁场旋转的情况。t_0 时磁场指向右,t_3 时指向下,t_6 时指向左,t_9 时指向上,t_{12} 时又回到 t_0 时的位置,即转了一圈。两极时,一周期转一回。

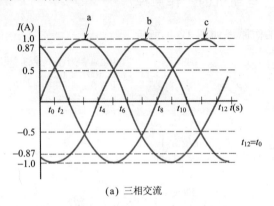

(a) 三相交流

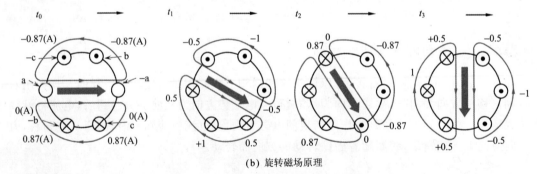

(b) 旋转磁场原理

图 12.3　产生旋转磁场的方法(两极)

知识点4　　感应电动机的定子和转子

感应电动机中能够有旋转磁场是靠将定子绕组接上三相交流电源而实现的。定子绕组的旋转磁场使转子导体(线圈)因电磁感应而产生电势,沿线圈有环电流流通。转子感应出的电流和旋转磁场之间的电磁力作用使转子旋转。

12.2 三相感应电动机的结构

三相感应电动机的结构如图 12.4 所示。其中,定子由定子外壳、轴承、定子铁心、定子绕组构成。转子分两种,笼型转子由端环(短路环)、斜槽构成;绕线型转子由滑环、电刷、轴、风道构成。

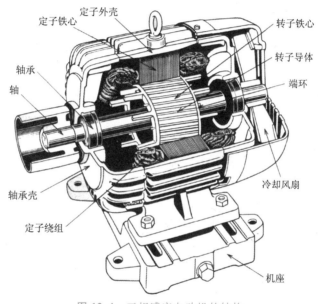

图 12.4 三相感应电动机的结构

 知识点1 三相感应电动机的定子

感应电动机的定子是用来产生旋转磁场的,它由定子铁心、定子绕组、铁心外侧的定子外壳、支持转子轴的轴承等组成,如图 12.5 所示。

铁心用厚 $0.35 \sim 0.5$mm 的硅钢片叠成。在铁心内圆有用来嵌放定子绕组的槽。四极时为 24 或 36 槽,一个槽一般嵌入两层线圈。

绕组型直流机也用的是叠绕型。绕组各相的接线采用每相电压负担小的星形连接法。极数越多,旋转磁场的转速越慢。

旋转磁场的转速可表示为

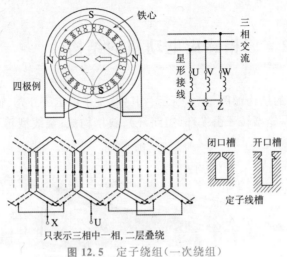

图 12.5　定子绕组（一次绕组）

$$n_s = \frac{120f}{p} \; (\text{r/min})$$

式中，f 为频率，单位为 Hz；p 为极数；n_s 为同步转速。

 知识点2　　**笼型转子——笼型感应电动机**

笼型转子（绕线型转子和直流机的电枢一样，在铁心上装有线圈）如果去掉铁心，只看电流流通的部分［导（铜）条和端环］，就像一个笼子（鸟笼），由此得名，如图 12.6 所示。

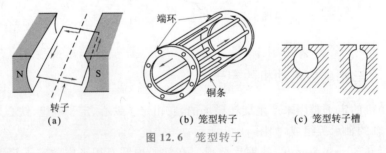

图 12.6　笼型转子

① 转子铁心。冲裁定子铁心硅钢片剩下的部分，可用于制作转子铁心，转子铁心由冲槽的硅钢片叠成。

② 转子导条。先在铁心槽内嵌入铜条，在其两端接上称为端环的环状铜板。由感应电动势产生的电流在铜条和端环间循环，这一电流和旋转磁场作用而产生的电磁力使转子旋转起来。

③ 斜槽转子。笼型感应电动机的缺点之一是启动转矩小，扭斜一个槽位就可以启动。

斜槽转子如图 12.7 所示。

④ 铸铝转子。小功率感应电动机的铜导条和端环改用铝浇铸，形成铝导条和端环。因为铝比铜电导率小，故需做大一点。目前，这种铸铝转子被大量生产，连冷却风扇也能同时铸造出来。

知识点3   绕线型转子——绕线型感应电动机

① 绕线型转子。绕线型转子与由导条和端环组成的笼型转子不同，和直流机一样，它是在铁心上嵌有线圈，如图 12.8 所示。

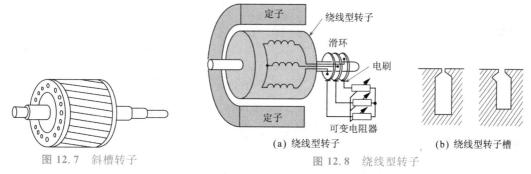

图 12.7   斜槽转子
(a) 绕线型转子   (b) 绕线型转子槽
图 12.8   绕线型转子

② 转子铁心。转子铁心由硅钢片叠成，铁心圆周上冲有半闭口槽。三相绕组的排放要做到使转子极数与定子极数相同，其槽数也应选定。

③ 转子绕组。小容量电动机的转子绕组与定子绕组相同，可以采用双层叠绕方法。大容量时电流大，导线常采用棒状、方形等的铜线。槽内先嵌入铜线，然后把它们连接起来，绕线方法一般采用双层波绕。

④ 滑环。绕线型和笼型的差别之一是笼型的导条在转子内构成闭合回路，与此相反，绕线型绕组中各相的一端在电气上与静止部分的可变电阻器连接，并形成闭合电路。旋转部分与静止部分在电气上连通是靠转子上的滑环(集电环)和电刷实现的。

12.3   三相感应电动机的性质

知识点1   转差率

感应电动机是由于旋转磁场切割转子绕组而旋转的，正因如此，转子转速总是略低于同步转速。旋转磁场的转速(同步转速)n_s 和转子转速 n 之差称为转差,转差和同步转速之比称为转差率。

$$转差率\ s = \frac{n_s - n}{n_s}$$

由此得转子转速为

$$n = (1-s)n_s$$

电动机空载时 $s \to 0$,启动前停止状态时 $s=1$。小型机的转差率为 $5\% \sim 10\%$,大型机的转差率为 $3\% \sim 5\%$。

知识点2　　**感应电动机和变压器的相似性**

① 变压器。在变压器一次侧施加交流电压后就会在一次绕组中有励磁电流,在铁心中产生交变磁通,在二次绕组感应电动势,二次侧若有负荷,则二次绕组中有电流。由于电磁感应的作用,一次绕组中的电流为励磁电流加负荷电流。

② 感应电动机。在感应电动机输入端加上三相交流电源后就会在定子绕组中有励磁电流,旋转磁势使铁心中产生磁通,转子绕组感应电动势,在闭合的转子绕组中有感应电流流通,转子转动,加上机械负荷时转子电流增加。由于电磁感应作用,定子电流也增加。由以上比较可以看出,感应电动机和变压器有相似的性质,如图 12.9所示。把感应电动机的定子绕组称为一次绕组,转子绕组称为二次绕组。

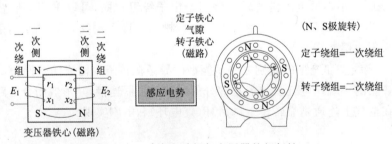

图 12.9　感应电动机与变压器的相似性

 技能训练

四极、50Hz 的三相感应电动机的转速为 1425r/min,求此电动机的转差率为多少?

解： $n_s = \dfrac{120 \times 50}{4} = 1500$ （r/min）

$s = \dfrac{1500 - 1425}{1500} = 0.05 = 5\%$

 知识点3　感应电动势和电流

① 感应电动势。给定子(一次)绕组每相施加电源电压 V_1，则励磁电流 I_0 随之流通，旋转磁场使定子(一次)绕组及转子绕组(二次)各相产生一次感应电动势 E_1 及二次感应电动势 E_2。

② 漏电抗。如图 12.10 所示，励磁电流产生的磁通大部分成为主磁通，一部分成为漏磁通。只和二次绕组交链的磁通，才在二次绕组感应电动势，并作为二次绕组的电压降起作用。二次绕组的情况是这样，一次绕组的情况也如此。

③ 即将启动之前(停止)的二次电流。

$n = 0, \rightarrow s = 1$

即将启动之前的二次电流为

$$I_{2s} = \frac{E_2}{\sqrt{r_2^2 + x_2^2}}, \text{二次功率因数} \cos\theta_{2s} = \frac{r_2}{\sqrt{r_2^2 + x_2^2}}$$

式中，r_2 为二次绕组每相电阻值，因二次绕组为铜条或方铜线，故电阻值很小。

由上两式可知，启动时二次电流值很大，功率因数很差，如图 12.11 所示。

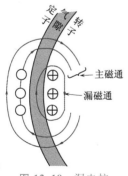

图 12.10　漏电抗

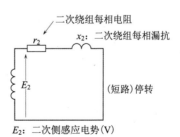

E_2：二次侧感应电势(V)

图 12.11　感应电动机二次侧的
等效电路(转子)

知识点4　　运行中的二次电流

① 二次感应电动势和频率。电动机以转差率 s 旋转时,因转差为 $n_s - n = s n_s$ 故旋转磁场的磁通切割二次绕组的量是即将启动前($s=1$)的 s 倍。

二次感应电势 $E_{2s} = s E_2$ （V）

二次感应电势的频率 $f_2 = s f_1$ （Hz）

式中,f_1 为一次侧供给电源的频率。

② 二次绕组的漏电抗和阻抗。因电抗 $x = 2\pi f L$,故 f 若变为 $s f$,则 x 也变为 $s x$。

二次绕组每相漏电抗 $x_{2s} = s x_2$ （Ω）

二次绕组每相阻抗 $z_{2s} = \sqrt{r_2^2 + (s x_2)^2}$ （Ω）

③ 二次电流和二次功率因数。由上面两式可求出电流和功率因数,即

$$二次电流\ I_2 = \frac{E_{2s}}{Z_{2s}} = \frac{s E_2}{\sqrt{r_2^2 + (s x_2)^2}}\ （A）$$

$$二次功率因数\ \cos\theta_2 = \frac{r_2}{\sqrt{r_2^2 + (s x_2)^2}}$$

④ 等效电路。二次电流的等效电路如图 12.12 所示。

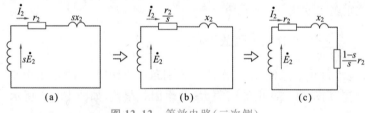

图 12.12　等效电路(二次侧)

12.4　等效电路和圆图

知识点1　　简化等效电路

三相感应电动机的等效电路如图 12.13 所示。常用简化等效电路来求感应电动机的特性。简化等效电路是将励磁电路直接并接到电源电压上,如图 12.14 所示。二次侧的绕组电阻和漏电抗等都折算到一次侧,折算中用到匝数比 a,它用一次和二次感应电动势之比求得

$(a=E_1/E_2)$。

将各种二次侧的值折算到一次侧,即

$$r'_2=a^2 r_2,R'=a^2 r_2\left(\frac{1-s}{s}\right)$$

$$x'_2=a^2 x_2,E'_2=aE_2$$

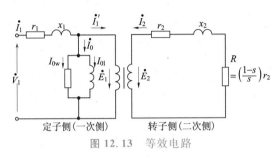

定子侧(一次侧)　　转子侧(二次侧)

图 12.13　等效电路

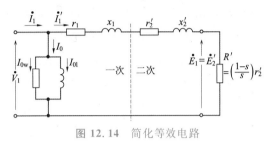

图 12.14　简化等效电路

利用简化等效电路可求出下列值:

一次电流 $\dot{I}_1=\dot{I}_0+\dot{I}'_1$ (A),励磁电流 $I_0=V_1\sqrt{g_0^2+b_0^2}$ (A)

一次负荷电流 $I'_1=\dfrac{V_1}{\sqrt{(r_1+r'_2/s)^2+(x_1+x'_2)^2}}$ (A)

一次输入功率 $P_1=p_i+p_{c1}+p_{c2}+P_0=V_1 I_1\cos\theta_1$ (W)

一次铁耗 $p_i=V_1 I_{0w}=V_1^2 g_0$ (W)

一次铜耗 $p_{c1}=I'^2_1 r_1$ (W)

二次输入功率 $P_2=p_{c2}+P_0=I'^2_1 r'_2/s$ (W)

二次铜耗 $p_{c2}=I'^2_1 r'_2=sP_2$ (W)

二次输出功率 $P_0=I'^2_1 R'=I'^2_1 r'_2\left(\dfrac{1-s}{s}\right)=(1-s)P_2$ (W)

二次效率 $\eta_0=\dfrac{P_0}{P_2}=\dfrac{(1-s)}{P_2}P_2=1-s$

效率 $\eta=\dfrac{P_0}{P_1}$

知识点2　　圆　图

1. 等效电路和圆图

若根据简化等效电路画向量图,则一次负载电流向量顶端的轨迹将通过半圆。半圆的直

径为 $V/(x_1+x_2)$，若端电压为定值，则无论负载多大，都可在圆图上求到。

2. 圆图的画法

如图 12.15 所示，图中纵坐标表示电压，而对于电流和功率，表示其有功分量。可用 200mm 长度代表额定电流的大小，这就定出了每 mm 代表多少电流的电流比例尺。功率比例尺＝电流比例尺×$\sqrt{3}$×额定电压。根据空载试验(额定电压时的空载电流 I_0 和空载输入功率 P_i)，定出 N 和 N′ 点。根据堵转试验(将转子堵转，滑环短路，使一次绕组电流为额定 I_N，求出一次电压 V'_S 和一次功率 P'_i)定出 W 和 S 点。作 $\overline{NS}$ 的垂直平分线，它与 $\overline{NA}$ 的交点 C 就是圆图的圆心。以 C 为圆心，以 $\overline{NC}$ 长度为半径，画出 $\overset{\frown}{NSA}$ 半圆。根据绕组电阻测量(测量各端子间的一次绕组电阻，求出平均值并换算到 75℃ 时的值)，求出 r_1，把 $\overline{NS}$ 的大小换算成电流(称为一次短路电流，以 I'_S 表示)值，由此定出 T 点。

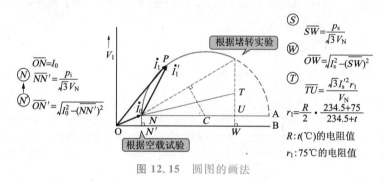

图中左侧标注：
$$\textcircled{N}\quad \overline{ON}=I_0$$
$$\overline{NN'}=\frac{p_i}{\sqrt{3}V_N}$$
$$\textcircled{N}\quad \overline{ON'}=\sqrt{I_0^2-(\overline{NN'})^2}$$

图中右侧标注：
$$\textcircled{S}\quad \overline{SW}=\frac{p_s}{\sqrt{3}V_N}$$
$$\textcircled{W}\quad \overline{OW}=\sqrt{I_s^2-(\overline{SW})^2}$$
$$\textcircled{T}\quad \overline{TU}=\frac{\sqrt{3}I_s^2 r_1}{V_N}$$
$$r_1=\frac{R}{2}\cdot\frac{234.5+75}{234.5+t}$$
$R:t$(℃)的电阻值
r_1:75℃的电阻值

图 12.15　圆图的画法

3. 求特性方法

利用圆图求运行数据如图 12.16 所示，具体方法如下。

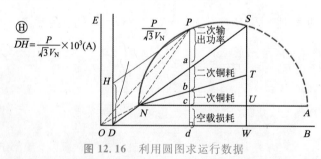

图中标注：
$$\textcircled{H}\quad \overline{DH}=\frac{P}{\sqrt{3}V_N}\times 10^3(\text{A})$$

图 12.16　利用圆图求运行数据

① 令 $\overline{NS}$ 延长线和 $\overline{OB}$ 的交点为 D，由 D 向上引垂直线，根据任意功率 P(kW)，求出 H 点。
② 通过 H 点作平行于 $\overline{DS}$ 的直线，与圆周交于 P 点。
③ 由 P 点向下作垂直于 $\overline{OB}$ 的直线，与 $\overline{DS}$ 交于 a，与 $\overline{NT}$ 交于 b，与 $\overline{NU}$ 交于 c，与 $\overline{OB}$ 交于 d。以电流比例尺表示的有 $\overline{ON}$ 为空载电流，$\overline{NP}$ 为一次负荷电流，$\overline{OP}$ 为一次电流。以功率

比例尺表示的有 $\overline{HD}=\overline{Pa}$ 为二次输出功率，$\overline{ab}$ 为二次铜耗，$\overline{bc}$ 为一次铜耗，$\overline{cd}$ 为空载损耗，$\overline{Pb}$ 为二次输入功率，$\overline{Pd}$ 为一次输入功率。转差率可用 $\overline{ab}/\overline{Pb}$ 表示，效率用 $\overline{Pa}/\overline{Pd}$ 表示，功率因数 $\cos\theta_1$ 用 $\cos\angle EOP$ 求得。

12.5　三相感应电动机的特性

知识点1　　输入、输出和损耗的关系

三相感应电动机的特性见表 12.1，其转差率和转速的关系如图 12.17 所示，输入、输出和损耗的关系如图 12.18 所示。

表 12.1　三相感应电动机的特性

类型	额定输出功率/kW	极数	同步转速/r/min		全负荷特性				空载电流 I_0/A	启动电流 I_{st}/A
			50Hz	60Hz	转差率 s/%	频率 η/%	功率因数 pf/%	电流 I_1/A		
低压笼型	0.75	4	1500	1800	7.5	75 以上	73.0 以上	3.8	2.5	23 以下
	1.50	4	1500	1800	7.0	78.5 以上	77.0 以上	6.8	4.1	42 以下
	3.7	4	1500	1800	6.0	82.5 以上	80.0 以上	15	8.1	97 以下
	3.7	6	1000	1200	6.0	82.0 以上	75.5 以上	16	9.9	105 以下
低压绕线型	7.5	4	1500	1800	5.5	83.5 以上	79.0 以上	23	12	42 以下
	22	6	1000	1200	5.0	86.5 以上	82.0 以上	85	36	155 以下
	30	6	1000	1200	5.0	87.5 以上	82.5 以上	114	48	210 以上
	37	8	750	900	5.0	87.0 以上	81.5 以上	143	59	200 以上

注：额定电压 200V，电流为各相平均值。

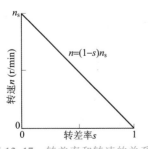

图 12.17　转差率和转速的关系

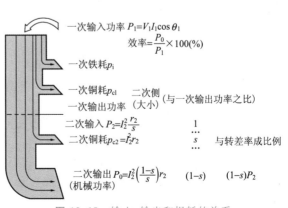

图 12.18　输入、输出和损耗的关系

知识点2　转矩和同步功率

令角速度为 $\omega(\mathrm{rad/s})$、转速为 $n(\mathrm{r/min})$、转矩为 $T/(\mathrm{N \cdot m})$、二次输出功率（机械功率）为 $P_0(\mathrm{W})$，则

$$P_0 = \omega T = 2\pi n T / 60 \ (\mathrm{W}), \ T = \frac{60 P_0}{2\pi n} \ (\mathrm{N \cdot m})$$

因为 $P_0 = P_2(1-s)$ 和 $n = n_s(1-s)$，故

$$T = \frac{60 P_2(1-s)}{2\pi n_s(1-s)} = \frac{60}{2\pi n_s} P_2 \ (\mathrm{N \cdot m})$$

这表示转矩和二次输入功率成正比，转矩可用二次输入功率表示。二次输入功率 P_2 又称为同步功率。

知识点3　转速特性曲线

转速特性曲线如图 12.19 所示，图中横坐标表示转差率，也即转速。纵坐标表示转矩、一次电流、功率、功率因数和效率等。该图表示在输入端施加额定电压时，随着转差率的改变，各量如何变化，其中极为重要的是转差率和转矩的关系。

知识点4　转矩的比例推移

转矩的比例推移如图 12.20 所示。

$$T = \frac{60}{2\pi n_s} \frac{s E_2^2 r_2}{r_2^2 + (s x_2)^2}$$

分子、分母都除以 s^2，得

$$T = \frac{60}{2\pi n_s} \frac{E_2^2 \left(\dfrac{r_2}{s}\right)}{\left(\dfrac{r_2}{s}\right)^2 + x_2^2}$$

因为除 r_2 和 s 外，式中其他各量皆为定值，故若 r_2/s 不变，T 应为同一值。就是说，若二次电阻 r_2 增加了 m 倍，转差率 s 也增加 m 倍，则 T 保持同一值。为了得到同一转矩，转差率应根据二次电阻按比例变化（比例推移）。对二次电阻能够改变的绕线型感应电动机可以利用比例推移原理。利用这一原理，就能够提高启动转矩或进行调速。

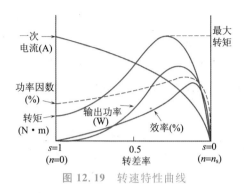

图 12.19 转速特性曲线

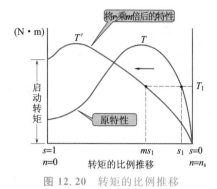

图 12.20 转矩的比例推移

 知识点5 最大转矩

感应电动机的转矩为

$$T=\frac{60}{2\pi n_{\mathrm{s}}}\cdot\frac{E_2^2\left(\dfrac{r_2}{s}\right)}{\left(\dfrac{r_2}{s}\right)^2+x_2^2}=\frac{60}{2\pi n_{\mathrm{s}}}\cdot\frac{E_2^2 x_2}{\dfrac{r_2^2}{s}+sx_2^2}$$

除 s 以外,其他各参数皆为常数,故 $r_2^2/s+sx_2^2$ 为最小时的转矩最大。这样,设 $\dfrac{r_2^2}{s}\times sx_2^2$ $=r_2^2x_2^2$ 为定量,则

$$\frac{r_2^2}{s}=sx_2^2,s=\frac{r_2}{x_2}$$

 知识点6 输出功率特性曲线

感应电动机的转出功率特性曲线如图 12.21 所示,图中横坐标表示输出功率。纵坐标表示功率因数、效率、转矩、一次电流、转速和转差率。由图可知,感应电动机有如下特点:额定负荷(额定输出功率)附近的功率因数和效率有最大值;由于转速几乎不变,所以具有恒速特性;因感应电动机磁路有间隙,故功率因数较变压器差。

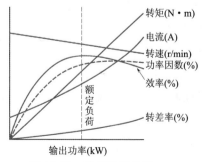

图 12.21 输出功率曲线

技能训练

四极、60Hz 的三相感应电动机,二次每相电阻为 0.02Ω,设转差率为 1 的每相漏电抗为 0.1Ω,求产生最大转矩的转速。

解:$s = \dfrac{r_2}{x_2} = \dfrac{0.02}{0.1} = 0.2$

$$n = (1-s)\dfrac{120f}{p} = 1440 \ (\text{r/min})$$

12.6   启动和运行

知识点1   启动方法

感应电动机的启动方法见表 12.2 和图 12.22。

表 12.2   感应电动机的启动方法

启动方法	转子类型	方　法	特　征
全电压启动	笼型 3.7kW 以下	也称自接入启动,直接施加全电压	启动电流为全负荷时的数倍
Y-△启动	笼型 5.5kW 左右	开始按星形接线,启动后改为三角形接线,启动时绕组每相电压为运行时的 1/$\sqrt{3}$倍	启动电流和转矩为全电压启动时的 $\dfrac{1}{3}$倍
启动用自耦变压器	笼型 15kW 以上	用三相自耦变压器降低电压启动,启动后立即切换为全电压	能限制启动电流
机械启动	笼型小型电机	用液力式或电磁式离合器将负荷接于空载的电机	有离合器等设备的特殊场合
用启动电阻器启动	绕线型 75kW 以下	利用启动转矩比例推移原理使二次电阻增至最大	启动电流小,还可调速
启动电阻器+控制器	75kW 以上	启动器和速度控制器分别设置	

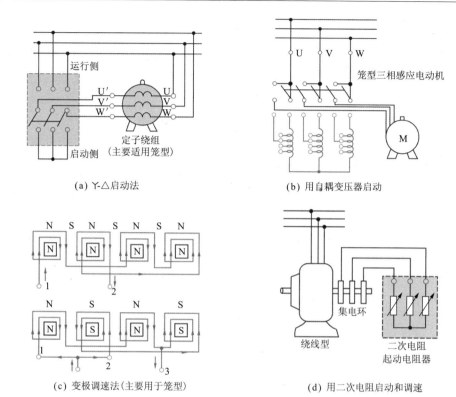

(a) Ｙ-△启动法   (b) 用自耦变压器启动

(c) 变极调速法(主要用于笼型)   (d) 用二次电阻启动和调速

图 12.22 感应电动机的启动方法

 知识点2   调　速

　　感应电动机全负荷时转差率约为百分之几,从这种电动机的转速特性来看,调速较难。除了改变绕线式感应电动机二次电阻以外,别的方法可以说都是特殊的。感应电动机的调速方法见表12.3。

表 12.3　感应电动机的调速

种　类	方　法	特　征	应用实例
改变电源频率的方法	根据 $n_s = 120f/p$,同步转速随电源频率而变化	需要有独立可变频率电源	压延机、机床、船舶
改变极数的方法	同一槽内嵌放不同极数绕组,改变定子绕组接线	用于笼型多速电动机	机床、升降机、送风机
改变二次电阻的方法	利用转矩的比例推移原理,二次电阻和转差率成正比	二次铜耗大、效率差、负荷变化时速度不稳定	卷扬机、升降机、起重机

12.7 特殊笼型三相感应电动机

特殊笼型三相感应电动机的二次电阻和转矩的关系如图 12.23 所示,特殊笼型三相感应电动机的分类和功率如图 12.24 所示。

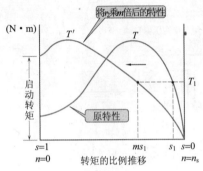

图 12.23 二次电阻和转矩的关系

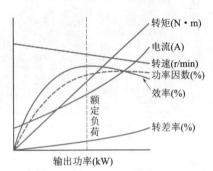

图 12.24 特殊笼型三相感应电动机的分类和功率

特殊笼型的启动性能

笼型三相感应电动机的优点包括:牢固、操作简单、便宜、比绕线型的运行特性好、故障少、不要滑环。绕线型三相感应电动机的优点包括:启动性能好、容易调速。

特殊笼型是一方面持有笼型,另一方面力求得到启动性能好这一绕线型的优点。特殊笼型按转子槽形的不同分为(甲)双笼型和(乙)深槽式两种,如图 12.25 和图 12.26 所示。

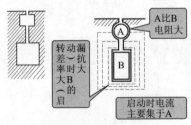

图 12.26 双笼型转子的槽型

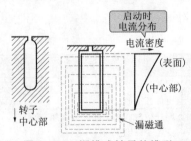

图 12.27 深槽式转子的槽型

知识点2 　双笼型三相感应电动机

　　双笼型转子如图 12.27 所示,转子(二次侧)导体条为双层笼状,外侧导体条的电阻比内侧的大。内侧导体条的漏电抗远比外侧的大。启动时二次侧频率和电源频率相近,转速提高后,频率下降。根据电抗 $x = 2\pi fL$ 可知,启动时电抗大。因此,启动时电流集中在电阻大的外侧导体条。由于二次侧电阻变大,故启动转矩变大。转速增加,电流集中到电阻小的内侧导体条,转矩也增大。

外侧导条
电阻大

图 12.27 　双笼型转子

知识点3 　深槽式笼型三相感应电动机

　　因为启动时二次侧频率高,所以槽内导条离中心近的部分漏电抗变得很大,启动时电流分布很不均匀,离中心近的部分和表面附近的电流分布差别很大,电流向外侧偏离。因此,二次电阻变大,启动转矩增加。转速提高时,电流分布趋于均匀,具有普通笼型的特性。

变频器

课前导读

变频器是应用变频技术与微电子技术，通过改变电机工作电源频率的方式来控制交流电动机的电力控制设备。变频器主要由整流、滤波、再次整流、制动单元、驱动单元、检测单元、微处理单元等组成。

掌握变频器的安装和使用方法；学习变频器的电气控制线路和实际应用线路。

学习目标

13.1　变频器的安装和使用

变频器是应用变频技术制造的一种静止的频率变换器,它是利用半导体器件的通断作用将频率固定的交流电变换成频率连续可调的交流电的电能控制装置。变频器的外形如图13.1所示。

图 13.1　变频器

 变频器的安装

变频器应该安装在无水滴、无蒸气、无灰、无油性灰尘的场所。该场所还必须无酸碱腐蚀,无易燃易爆的气体和液体。变频器在运行过程中会发热,为了保证散热良好,必须将变频器安装在垂直方向,因变频器内部装有冷却风扇以强制风冷,其上下左右与相邻的物品和挡板必须保持足够的空间。变频器的平面安装如图13.2(a)所示,垂直安装如图13.2(b)所示。变频器在运转过程中,散热片的附近温度可上升到90℃,变频器背面要使用耐温材料。将多台变频器安装在同一装置或控制箱里时,为减少相互热影响,建议横向并列安装。必须上下安装时,为了使下部的热量不至影响上部的变频器,应设置隔板等物。箱(柜)体顶部装有引风机的,其引风机的风量必须大于箱(柜)内各变频器出风量的总和,没有安装引风机的,其箱(柜)体顶部应尽量开启,无法开启时,箱(柜)体底部和顶部保留的进、出风口面积必须大于箱(柜)体各变频器端面面积的总和,且进出风口的风阻应尽量小。多台变频器的水平安装如图13.3(a)所示,多台变频器的纵向安装如图13.3(b)所示。

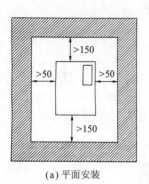 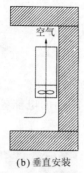  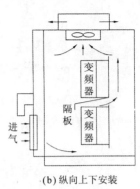

(a) 平面安装　　　　(b) 垂直安装　　　　(a) 横向并列安装　　　　(b) 纵向上下安装

图 13.2　变频器的安装　　　　　　　图 13.3　多台变频器的安装

 知识点2　　变频器的使用

　　严禁在变频器运行中切断或接通电动机;严禁在变频器 U、V、W 三相输出线中提取一路作为单相电;严禁在变频器输出 U、V、W 端子上并接电容器;变频器输入电源容量应为变频器额定容量的 1.5 倍到 500kV·A,当使用大于 500kV·A 电源时,输入电源会出现较大的尖峰电压,有时会损坏变频器,应在变频器的输入侧配置相应的交流电抗器;变频器内的电路板及其他装置有高电压,切勿以手触摸;切断电源后因变频器内高电压需要一定时间泄放,维修检查时,需确认主控板上高压指示灯完全熄灭后方可进行;机械设备需在 1s 以内快速制动时,则应采用变频器制动系统;变频器适用于交流异步电动机,严禁使用带电刷的直流电动机等;变频器的使用如图 13.4 所示。

图 13.4　变频器的使用

13.2 变频器的电气控制线路

变频器的基本接线图如图 13.5 所示。

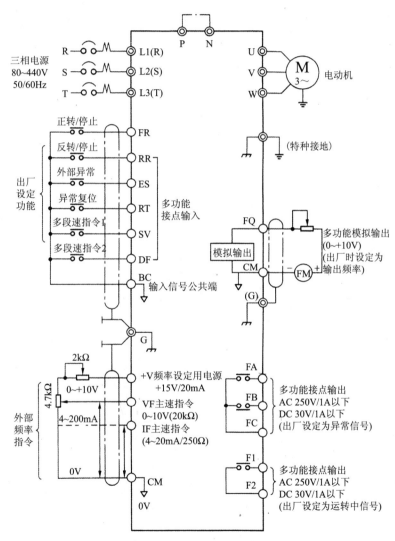

注:① 主速指令由参数no42选择为电压(VF)或电流(IF)指令,
出厂时设定为电压(VF)指令。
② +V端子输出额定为+15V、20mA。
③ 多功能模拟输出(FQ、CM)为外接频率/电流表用。

图 13.5 变频器的基本接线图

变频器接线时应注意以下几点：

① 输入电源必须接到端子 R、S、T 上，输出电源必须接到端子 U、V、W 上，若接错，会损坏变频器。

② 为了防止触电、火灾等灾害，并且为了降低噪声，必须连接接地端子。

③ 端子和导线的连接应牢靠，要使用接触性良好的压接端子。

④ 配完线后，要再次检查接线是否正确，有无漏接现象，端子和导线间是否短路或接地。

⑤ 通电后，需要改接线时，即使已经关断电源，主回路直流端子滤波电容器放电也需要时间，所以很危险，应等充电指示灯熄灭后，用万用表确认 P、N 端之间直流电压降到安全电压（DC 36V 以下）后再操作。

知识点1　　**主回路端子的接线**

变频器的主回路配线图如图 13.6 所示。主回路端子的功能说明见表 13.1。进行主回路接线时应注意：主回路端子 R、S、T，经接触器和断路器与电源连接，不用考虑相序；不应以主回路的通断来进行变频器的运行、停止操作。需要用控制面板上的运行键（RUN）和停止键（STOP）来操作；变频器输出端子最好经热继电器后再接到三相电动机上，当旋转方向与设定不一致时，要调换 U、V、W 三相中的任意两相；星形接法电动机的中性点绝不可接地；从安全及降低噪声的需要出发，变频器必须接地，接地电阻应小于或等于国家标准规定值，且用较粗的短线接到变频器的专用接地端子上。当数台变频器共同接地时，勿形成接地回路，如图 13.7 所示。

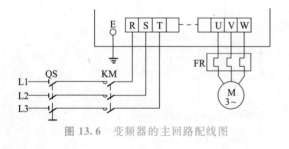

图 13.6　变频器的主回路配线图

表 13.1　主回路端子功能说明

种　类	编　号	名　称
主回路端子	R(L1)	主回路电源输入
	S(L2)	
	T(L3)	
	U(T1)	变频器输出（接电动机）
	V(T2)	
	W(T3)	
	P	直流电源端子
	N	

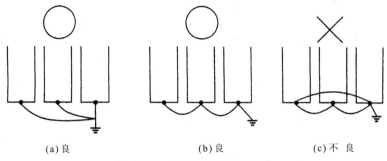

(a) 良   (b) 良   (c) 不 良

图 13.7 接地线不得形成回路

 知识点2 控制回路端子的接线

变频器控制回路端子的排列如图 13.8 所示。

进行控制回路接线时应注意:控制回路配线必须与主回路控制线或其他高压或大电流动力线分隔及远离,以避免干扰;控制回路配线端子 F1、F2、FA、FB、FC(接点输出)必须与其他端子分开配线;为防止干扰、避免误动作发生,控制回路配线务必使用屏蔽隔离绞线,如图 13.9 所示。使用时,将屏蔽线接至端子 G。配线距离不可超过 50m。

图 13.8 变频器控制回路端子的排列

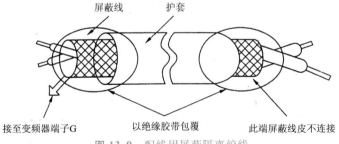

图 13.9 配线用屏蔽隔离绞线

控制回路端子的符号、名称及功能说明见表 13.2。

表 13.2　控制回路端子功能说明

种类	编号	名　称	端子功能		信号标准
运转输入信号	FR	正转/停止	闭→正转　开→停止	端子 RR、ES、RT、SV、DF 为多功能端子(no. 35~no. 39)	DC 24V,8mA 光耦合隔离
	RR	逆转/停止	闭→逆转　开→停止		
	ES	外部异常输入	闭→异常　开→正常		
	RT	异常复位	闭→复位		
	SV	主速/辅助切换	闭→多段速指令 1 有效		
	DF	多段速指令 2	闭→多段速指令 2 有效		
	BC	公共端	与端子 FR、RR、ES、RT、SV、DF 短路时信号输入		
模拟输入信号	+V	频率指令电源	频率指令设定用电源端子		+15(20mA)
	VF	频率指令电压输入	0~10V/100%频率	no. 42=0 VF 有效	0~10V(20kΩ)
	IF	频率指令电流输入	4~20mA/100%频率	no. 42=1 IF 有效	4~20mA(250Ω)
	CM	公共端	端子 VF、IF 速度指令公共端		——
	G	屏蔽线端子	接屏蔽线护套		——
运转输出信号	F1	运转中信号输出(a 接点)	运转中接点闭合	多功能信号输出(no. 41)	接点容量 AC 250V,1A 以下 DC 30V,1A 以下
	F2				
	FA	异常输出信号 FA—FC a 接点 FB—FC b 接点	异常时 FA—FC 闭合 FB—FC 断开	多功能信号输出(no. 40)	
	FB				
	FC				
模拟输出	FQ	频率计(电流计)输出	0~10V/100%频率 (可设定 0~10V/100%电流)	多功能模拟输出(no. 48)	0~+10V 20mA 以下
	CM	公共端			

13.3　变频器的实际应用线路

知识点1　电动机变频器的步进运行及点动运行线路

线路如图 13.10 所示,此线路中电动机在未运行时点动有效。运行/停止由 REV、FWD 端的状态(即开关)来控制。其中,REV、FWD 表示运行/停止与运转方向,当它们同时闭合时无效。转速上升/转速下降可通过并联开关来实现在不同的地点控制同一台电动机运行,由 X4、X5 端的状态(开关 SB1、SB2)确定,虚线即为设在不同地点的控制开关。JOG 端为点动输入端子。当变频器处于停止状态时,短接 JOG 端与公共端(CM)(即按下 SB3),再闭合 FWD 端与 CM 端之间连接的开关,或闭合 REV 端与 CM 端之间连接的开关,则会使电动机 M 实现点动正转或反转。

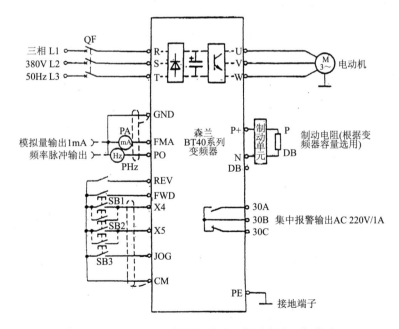

图 13.10　电动机变频器的步进运行及点动运行线路

知识点2 用单相电源变频控制三相电动机线路

变频控制有很多好处,例如,三相变频器通入单相电源可以方便地为三相电动机提供三相变频电源。线路如图 13.11 所示。

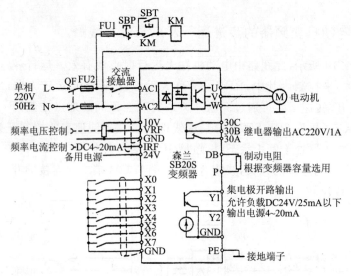

图 13.11 用单相电源变频控制三相电动机线路

可编程序控制器和软启动器

课前导读

可编程逻辑控制器是一种可编程的存储器，用于其内部存储程序，执行逻辑运算、顺序控制、定时、计数与算术操作等面向用户的指令，并通过数字式或模拟式输入/输出控制各种类型的机械或生产过程。

掌握可编程逻辑控制器的组成及等效电路；学习可编程逻辑控制器电气故障、输入模板常见故障、输出模板常见故障的检修方法等。

学习目标

14.1 可编程序控制器的电气控制线路

可编程序控制器(简称 PLC)是一种数字运算的电子系统,专为工业环境下应用而设计。它采用可编程序的存储器,用来在内部存储执行逻辑运算、顺序控制、定时、计数和算术运算等操作的指令,并通过数字式、模拟式的输入和输出,控制各种类型的机械或生产过程。可编程序控制器及其有关外围设备,都应按易于与工业控制系统联成一个整体,易于扩充的原则设计。早期的可编程序控制器是为取代继电器控制线路,采有存储程序指令完成顺序控制而设计的,它仅有逻辑运算、定时、计数等顺序控制功能,用于开关量控制。现在的可编程序控制器不仅能进行逻辑控制,还可以进行数值运算、数据处理,具有分支、中断、通信及故障自诊等功能。可编程序控制器把微计算机技术与继电器控制技术很好地融合在一起,最新发展的可编程序控制器还把直接数字控制技术加进去,并可以与监控计算机联网,因此它的应用几乎涉及所有的工业企业。

可编程序控制器有以下特点:可靠性高,抗干扰性强;编程简单,使用方便;通用性好,扩展方便,功能完善;体积小,能耗低;维修方便,工作量小。

 知识点1 可编程序控制器的组成

可编程序控制器有许多品种和类型,但其基本组成相同,主要由中央处理器 CPU、存储器、输入输出接口、电源及编程器等外围设备组成,如图 14.1 所示。

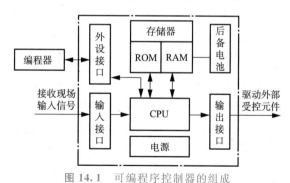

图 14.1 可编程序控制器的组成

① 中央处理器(CPU)。中央处理器 CPU 是 PLC 的核心,它在生产厂家预先编制的系统程序控制下,通过输入装置读入现场输入信号并按照用户程序进行执行处理。根据处理结

果通过输出装置实现输出控制。CPU 的性能直接影响可编程序控制器的性能。

②　存储器。可编程序控制器内的存储器按用途可分为系统程序存储器和用户程序存储器。系统程序存储器存放系统程序,该程序已由生产厂家固化,用户不能访问和修改。用户程序存储器存放用户程序和数据。用户程序是用户根据控制要求进行编写。

③　输入输出接口(I/O)。输入输出接口是 PLC 和现场输入输出设备连接的部分,输入输出接口有数字量(开关量)输入输出单元、模拟量输入输出单元。根据输入输出点数可将 PLC 分为小型、中型、大型三种。小型 PLC 的 I/O 点数在 256 以下,中型 PLC 的 I/O 点数在 256 到 2048 点之间,大型 PLC 的 I/O 点数在 2048 以上。

④　电源。电源部件将交流电源转换成 CPU、存储器、输入输出接口工作所需要的直流电源。

⑤　编程器。编程器是 PLC 的重要外围设备,利用编程器进行 PLC 程序编程、调试检查和监控,还可以通过编程器来调用和显示 PLC 的一些内部状态和系统参数。编程器通过通信端口与 CPU 联系,完成人机对话连接。编程器上有编程用的各种功能键和显示器,以及编程、监控转换开关。编程器有简易编程器和智能编程器两类。

 知识点2　　可编程序控制器的控制系统组成及其等效电路

图 14.2 所示是交流电动机正、反转继电器控制电气线路图。图 14.2 中 SB_0、SB_1、SB_2 分别是停止按钮、正转按钮、反转按钮,KM_1、KM_2 分别是正转接触器、反转接触器。

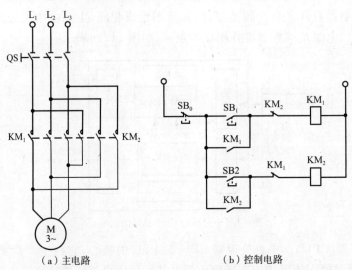

　　　　(a) 主电路　　　　　　　　　　(b) 控制电路

图 14.2　交流电动机正、反转继电器控制电气线路图

图 14.3 所示是交流电动机正、反转 PLC 控制电气线路图。图 14.3 主电路与图14.2相同,在此未画出。图 14.3 中 SB_0、SB_1、SB_2 与图 14.2 继电器控制电气线路中一样分别是停止按钮、正转按钮、反转按钮,KM_1、KM_2 是正转接触器、反转接触器。

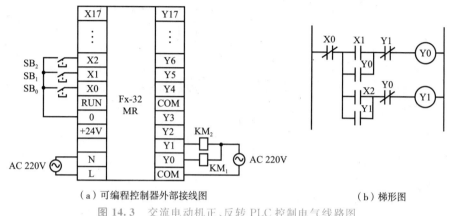

（a）可编程控制器外部接线图 （b）梯形图

图 14.3 交流电动机正、反转 PLC 控制电气线路图

PLC 控制系统组成及其等效电路如图 14.4 所示。由图 14.4 可知,PLC 控制系统等效电路由输入部分、PLC 内部控制部分、输出部分三部分组成。输入部分是系统的输入信号,常用的输入设备如按钮开关、限位开关等,输出部分是系统的执行部件,常用的输出设备如继电器、接触器、电磁阀等。PLC 内部控制部分是将输入信号采入后,根据编程语言(如梯形图)所组合控制逻辑进行处理,然后产生控制信号输出驱动输出设备工作。梯形图类似于继电器控制原理图如图 14.3(b)所示,但两者元件符号如常开触点、常闭触点、线圈等画法不同,如图 14.5 所示。

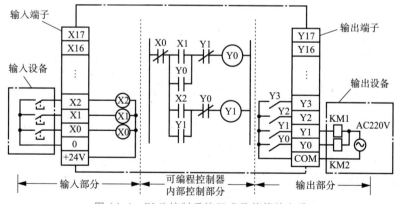

图 14.4 PLC 控制系统组成及其等效电路

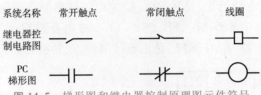

系统名称	常开触点	常闭触点	线圈
继电器控制电路图			
PC 梯形图			

图 14.5　梯形图和继电器控制原理图元件符号

14.2　软启动器的电气控制线路

电动机软启动器是一种减压启动器,是继星-三角启动器、自耦减压启动器、磁控式软启动器之后,目前最先进、最流行的启动器。它一般采用 16 位单片机进行智能化控制,既能保证电动机在负载要求的启动特性下平滑启动,又能降低对电网的冲击,同时还能直接与计算机实现网络通信控制,为自动化智能控制打下良好基础。

电动机软启动器有以下特点:

① 降低电动机启动电流、降低配电容量,避免增容投资。

② 降低启动机械应力,延长电动机及相关设备的使用寿命。

③ 启动参数可视负载调整,以达到最佳启动效果。

④ 多种启动模式及保护功能,易于改善工艺、保护设备。

⑤ 全数字开放式用户操作显示键盘,操作设置灵活简便。

⑥ 高度集成微处理器控制系统,性能可靠。

⑦ 相序自动识别及纠正,电路工作与相序无关。

知识点1　软启动器的主电路连接图

电动机软启动器的主电路连接图如图 14.6 所示。

知识点2　软启动器的总电路连接图

电动机软启动器的总电路连接图如图 14.7 所示。

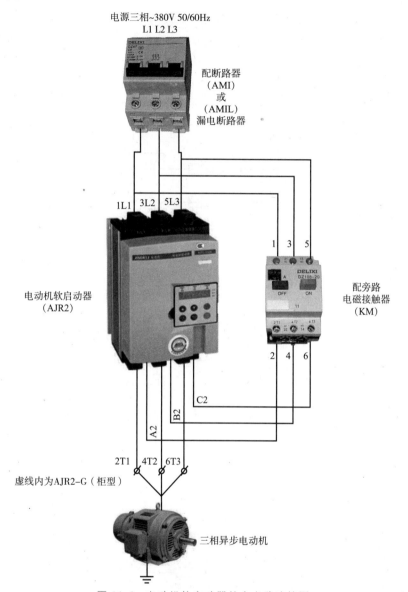

电源三相~380V 50/60Hz
L1 L2 L3

配断路器
（AMI）
或
（AMIL）
漏电断路器

1L1 3L2 5L3

1 3 5

电动机软启动器
（AJR2）

配旁路
电磁接触器
（KM）

2 4 6

C2

B2

A2

2T1 4T2 6T3

虚线内为AJR2-G（柜型）

三相异步电动机

图 14.6　电动机软启动器的主电路连接图

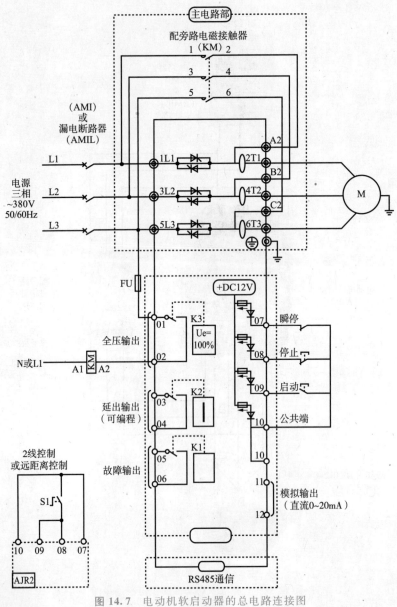

图 14.7 电动机软启动器的总电路连接图

电工常用电气图形符号

课前导读　　将顺序控制电路表示成顺序图时，如果将各种器件——描绘成实际的形态，那将是十分复杂的。因此，人们规定了一些简单的书写符号，这些符号称为电气图形符号。

掌握电阻器、电容器、机械切断器、熔断器、热敏继电器、直流电源、计量仪器、电动机、发电机、变压器、指示灯等电气设备的图形符号。

学习目标

15.1 电阻器及其图形符号

电阻器是指为了限制或调整通过电路中的电流而制作的器件。图 15.1 表示的是绕线电阻器的外观及内部结构图。

电阻器的图形符号如图 15.2 所示。该图形符号与实际电阻器种类无关,除了可表示绕线电阻器外,还可表示碳膜电阻器等。

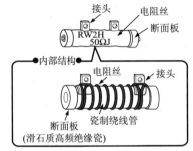

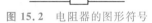

图 15.1 绕线电阻器的外观及内部结构图

图 15.2 电阻器的图形符号

15.2 电容器及其图形符号

电容器是指用金属导体夹着电介质(绝缘体),具有存储电荷性质的器件。图 15.3 表示的是纸介电容器的外观以及内部结构图。电容器的图形符号如图 15.4 所示,两条平行线表示电容器的极板,极板的长度和间隔的比例为 4:1。该图形符号的使用与电容器的种类无关,但像电解电容器等有极性的电容器,如图 15.5 所示,需加上表示极性的符号。

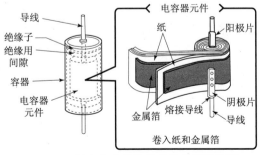

图 15.3 纸介电容器的外观及内部结构图

图 15.4 电容器的图形符号　　　　　　　**图 15.5** 有极性的电容器的图形符号

15.3 配线切断器及其图形符号

　　配线切断器一般也可以称为断路器或无保险丝切断器,是一种负责负载电流的开闭,在过负载以及短路事故时,自动切断电路的器件。配线切断器正常负载状态的开闭操作如图15.6 所示,根据"接入"、"切断"操作手柄来进行。在过电流以及短路时,与热动脱扣机构(或电磁脱扣机构)联动,切断电路。配线切断器的图形符号如图 15.7 所示,将固定触点画成垂直的线段(竖画时),再从与操作手柄联动,进行开闭动作的转子(可动触点)左侧引斜线段(闭合触点的图形符号)来表示。并且,把断路功能图形符号(图形符号:×)加到固定触点的顶端。

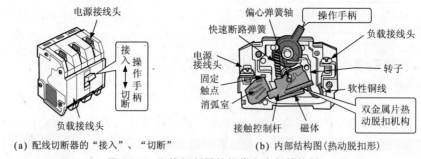

(a) 配线切断器的"接入"、"切断"　　　　(b) 内部结构图(热动脱扣形)

图 15.6 配线切断器的操作和内部结构图

(a) 单极时　　　　　　　　　　　(b) 三极时

图 15.7 配线切断器的图形符号

15.4 熔断器及其图形符号

熔断器是指用铅、锡等受热容易熔化的金属(称为可熔体)制成的,在发生短路事故,或在电路中一旦有超过规定以上的大电流等情况下,自身可因发热而熔断,自动切断电路从而保护电路的器件。熔断器的结构如图 15.8 所示,可分为带接线片的熔丝的开放式熔断器和用纤维或者合成树脂等绝缘物覆盖可熔体的封闭式熔断器。熔断器的图形符号与种类无关,如图 15.9 所示,在长方形上画短边的二等分线来表示。

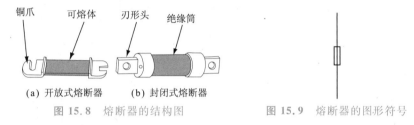

铜爪　可熔体　刃形头　绝缘筒

(a) 开放式熔断器　　(b) 封闭式熔断器

图 15.8　熔断器的结构图　　　　图 15.9　熔断器的图形符号

15.5 热敏继电器及其图形符号

知识点1　　热敏继电器

热敏继电器一般被称为热继电器或热动继电器,如图 15.10 所示,由薄长方形的热元件和双金属片组合而成的热动元件以及对电路进行操作的触点部分构成。

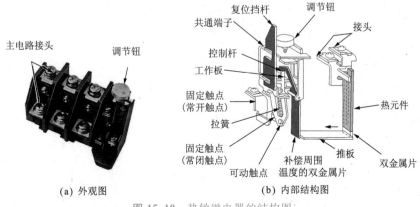

主电路接头　　　　调节钮

复位挡杆　调节钮
共通端子　　　　　接头
控制杆
工作板
固定触点
(常开触点)　　　　　热元件
拉簧
固定触点
(常闭触点)　　　推板
可动触点　补偿周围　双金属片
温度的双金属片

(a) 外观图　　　　　　(b) 内部结构图

图 15.10　热敏继电器的结构图

　　热敏继电器一般与电磁接触器组合使用,电动机中一旦有过负载或者堵转状态等异常电流通过时,热敏继电器的电热器被加热,双金属片产生一定弯曲,与此联动的触点机构产生动作,例如,切断电磁接触器的操作线圈,防止因异常电流而引起电动机烧损。

　　热敏继电器的图形符号如图 15.11 所示,把手动复位触点的图形符号和热元件的图形符号组合起来表示。手动复位触点的常闭触点在图形符号中没有明确表示。一般来说,用垂直线段表示固定触点(竖画时),在其顶端附上非自动复位功能图形符号(图形符号:○),这里用在右侧的斜线段表示可动触点。热元件的图形符号用正方形去除一边的形状表示。

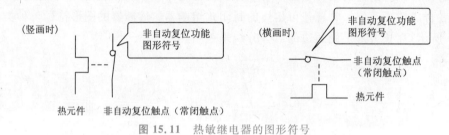

图 15.11　热敏继电器的图形符号

15.6　电池、直流电源及其图形符号

知识点1　电　池

　　电池是指把浸在电解液中两种不同的金属具有的化学能转化为电能、获取直流电的装置。图 15.12 所示为铅蓄电池的外观及其内部结构。电池、直流电源的图形符号如图 15.13 所示,采用同样的图形符号,具体表现时表示电池,抽象表现时表示直流电源。

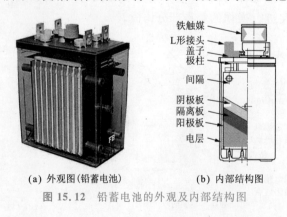

(a) 外观图(铅蓄电池)　　　(b) 内部结构图

图 15.12　铅蓄电池的外观及内部结构图

图 15.13　电池、直流电源的图形符号

15.7 计量仪器及其图形符号

计量仪器是用来测定电路中各种量的仪器,测定电流的仪器叫做电流表,测定电压的仪器称为电压表,其中,测定直流电压的是直流电压表,测定交流电压的是交流电压表。一般来说,交流电压表、电流表中最常使用的是如图15.14所示的可动铁片形状的装置。

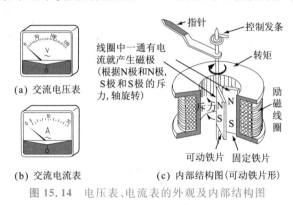

(a) 交流电压表

(b) 交流电流表

(c) 内部结构图(可动铁片形)

图 15.14 电压表、电流表的外观及内部结构图

计量仪器的图形符号如图15.15所示,用在圆中写入表示种类的文字或加入符号来表示。例如,如果把A的符号含义写入圆中,就表示电流表。区别用于直流还是交流时,除了表示种类的文字,还要附加如图15.16所示的符号。

(a) 电压表　(b) 电流表　(c) 功率表　　　　　(a) 直流用　(b) 交流用

图 15.15 计量仪器的图形符号　　　图 15.16 直流、交流的区别方法

15.8 电动机、发电机及其图形符号

电动机是指利用从电源得到电力来产生机械动力的旋转机器。利用直流电产生机械动力的电动机叫做直流电动机,利用交流电产生机械动力的电动机叫做交流电动机。一般来说,作为机械和装置的动力源,大多采用图15.17所示的感应电动机。

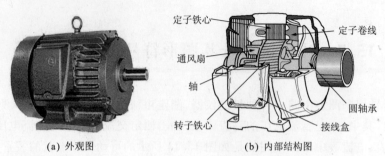

(a) 外观图   (b) 内部结构图

图 15.17 感应电动机的外观及内部结构图

　　发电机是指受到机械动力产生电力的旋转机。其中,受到机械动力产生直流电力的发电机是直流发电机,产生交流电力的发电机是交流发电机。电动机和发电机的图形符号如图 15.18 所示,在圆中如果是电动机就大写 Motor 的首字母 M,如果是发电机就大写 Generator 的首字母 G。

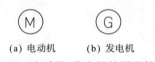

(a) 电动机   (b) 发电机

图 15.18 电动机、发电机的图形符号

15.9　变压器及其图形符号

　　变压器是指具有两个以上的线圈,并根据线圈间的相互电磁感应作用,在次级线圈上产生与加在初级线圈上的电压不同的电压变换装置。图 15.19 所示是一种小型变压器的外观及内部结构图。图 15.20 所示是变压器的图形符号,其中,图 15.20(a)、图 15.20(b)用于单线图,图 15.20(c)、图 15.20(d)用于多线图。

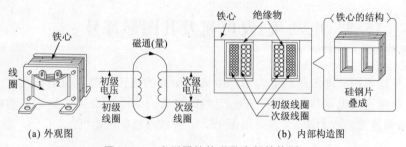

(a) 外观图   (b) 内部构造图

图 15.19 变压器的外观及内部结构图

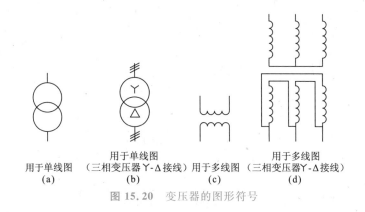

用于单线图
(a)

用于单线图
（三相变压器Y-Δ接线）
(b)

用于多线图
(c)

用于多线图
（三相变压器Y-Δ接线）
(d)

图 15.20　变压器的图形符号

15.10　指示灯及其图形符号

 知识点1　　指示灯

　　指示灯是指通过电灯的点亮或熄灭来表示运转、停止、故障等的器件，在配电盘、控制盘等器件上表示电路控制的工作状态，也可以称为监视灯或信号灯。如图 15.21 所示，指示灯由电灯和分色透镜组成的发光单元以及用于使电路电压降压为电灯电压的变压器或串联电阻组成的插座部分构成。指示灯的图形符号如图 15.22 所示，用"$\otimes$"标记来表示。特别注意，区别灯颜色时应附加这样的符号含义，例如，红色用 RL，绿色用 GL，蓝色用 BL，白色用 WL。

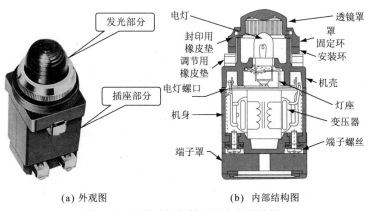

(a) 外观图　　　　　　　　(b) 内部结构图

图 15.21　指示灯的外观及内部结构图

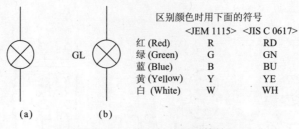

图 15.22   指示灯的图形符号

15.11   电铃、蜂鸣器及其图形符号

电铃和蜂鸣器在机器以及装置发生故障时作为通知故障发生的报警器使用。一般来说，电铃用于在发生故障时必须停止机器和装置的重大故障场合，而蜂鸣器用于使机器和装置继续运转的同时可以进行故障修理这样的小故障场合，它们分别发出各种不同的警报。图 15.23 所示为电铃的外观图，图 15.24 所示是蜂鸣器的外观图及内部结构。

图 15.23   电铃的外观图

图 15.24   蜂鸣器的外观图及内部结构

电铃的图形符号如图 15.25 所示，在向上的半圆上（横画时）从直径的部分垂直画两条线。蜂鸣器的图形符号如图 15.26 所示，在向下的半圆上（横画时）从圆周部分垂直画两条线。

(a) 横画时

(b) 竖画时

图 15.25   电铃的图形符号

(a) 横画时

(b) 竖画时

图 15.26   蜂鸣器的图形符号

15.12 开闭触点图形符号

主要开闭触点的图形符号见表15.1。

表 15.1 主要开闭触点的图形符号

开闭触点名称		电气图形符号		说　明
		图形符号		
		常开触点	常闭触点	
手动操作开闭器触点	电力用触点			• 无论是开路或闭路,触点的操作都用手动进行
	自动复位触点			• 开路或闭路通过手动操作,手放开后由于发条力等的作用,按钮开关的触点一般都能自动复位,所以不用对自动复位特别表示
电磁继电器触点	继电器触点			• 当电磁继电器外加电压时,常开触点闭合,常闭触点打开。去掉外加电压时回到原状态的触点。一般的电磁继电器触点都属于这一类
	残留功能触点			• 电磁继电器外加电压时,常开触点或常闭触点动作,但即使去掉外加电压后,机械或电磁状态仍然保持,即使用手动复位或电磁线圈中无电流也不能回到原状态的触点
延时继电器触点	延时动作触点			• 具有延时功能的继电器称为定时器 • 延时动作触点:电磁线圈得电后,其触点延时动作
	延时复位触点			• 延时复位触点:电磁线圈断电时,其触点延时恢复

15.13 触点功能符号和操作机构符号

 知识点1 开闭触点中限定图形符号的表示方法

开闭触点中限定图形符号见表15.2及图15.27。

表15.2 开闭触点中限定图形符号

	主要触点功能符号				
	具有开闭触点器件的电气用图形符号一般是在触点符号上组合触点功能符号或操作机构符号进行表示				
名称	触点功能	断路功能	隔离功能	负荷开闭功能	自动脱扣功能
图形符号	◁	×	—	↺	■
名称	位置开关功能	延迟动作功能		自动复位功能	非自动复位(残留)功能
图形符号	⟍	(a) ⟍ (b) ⟍ 在半圆的中心方向上,动作延迟。		◁	○

—— 延时动作常开触点的图形符号 ——

(07-05-01)

● 动作时具有时间滞后的触点

= 触点符号 (07-02-01) 动合触点 + 触点功能符号 (延迟动作功能) (延时动作) (02-12-05)

图15.27 触点符号及触点功能符号

知识点2 使用触点功能符号(限定图形符号)的开闭器类图形符号

使用触点功能符号的开闭器类图形符号如图15.28所示。

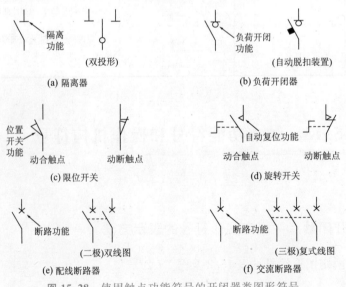

(a) 隔离器 — 隔离功能 (双投形)

(b) 负荷开闭器 — 负荷开闭功能 (自动脱扣装置)

(c) 限位开关 — 位置开关功能 动合触点 动断触点

(d) 旋转开关 — 自动复位功能 动合触点 动断触点

(e) 配线断路器 — 断路功能 (二极)双线图

(f) 交流断路器 — 断路功能 (三极)复式线图

图15.28 使用触点功能符号的开闭器类图形符号

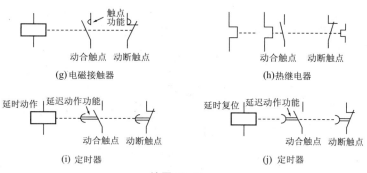

续图 15.28

 知识点3　　开闭触点的主要操作机构符号表示方法

开闭触点的主要操作机构符号见表 15.3。

表 15.3　开闭触点的主要操作机构符号

名称	手动操作(一般)	上拉操作	旋转操作	按下操作
图形符号				
名称	曲柄操作	紧急操作	手柄操作	足踏操作
图形符号				
名称	杠杆操作	装配离合手柄操作	加锁操作	凸轮操作
图形符号				
名称	电磁效果的操作		压缩空气操作或水压操作	电动机操作
图形符号				

知识点4   使用操作机构符号的开闭器类图形符号

操作机构符号和触点符号的组合如图 15.29 所示。

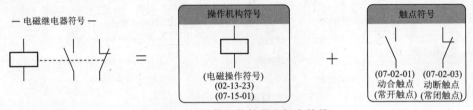

图 15.29 操作机构符号和触点符号

主要操作机构符号与开闭器种类如图 15.30 所示。

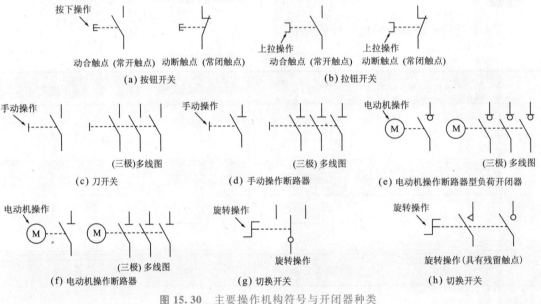

图 15.30 主要操作机构符号与开闭器种类

15.14 主要电气设备图形符号

主要电气设备的图形符号如图 15.31 所示。

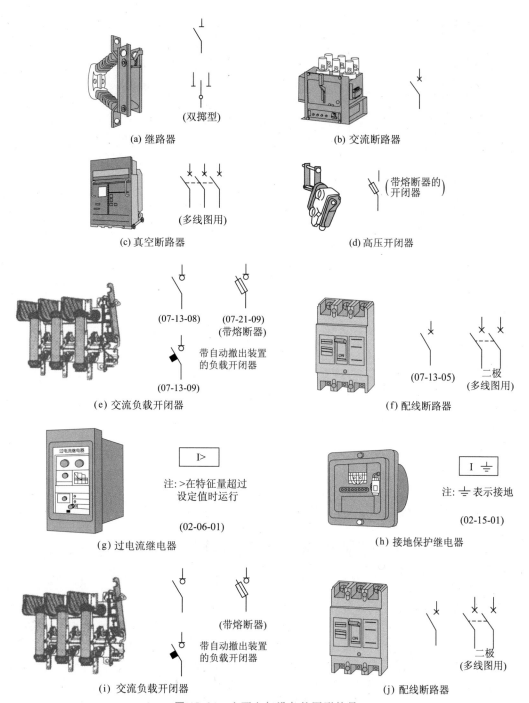

(双掷型)

(a) 继路器

(b) 交流断路器

(多线图用)

(c) 真空断路器

(带熔断器的)
开闭器

(d) 高压开闭器

(07-13-08)　(07-21-09)
(带熔断器)

带自动撤出装置
的负载开闭器

(07-13-09)

(e) 交流负载开闭器

(07-13-05)　二极
(多线图用)

(f) 配线断路器

I>

注:>在特征量超过
设定值时运行

(02-06-01)

(g) 过电流继电器

I ⏚

注: ⏚ 表示接地

(02-15-01)

(h) 接地保护继电器

(带熔断器)

带自动撤出装置
的负载开闭器

(i) 交流负载开闭器

二极
(多线图用)

(j) 配线断路器

图 15.31　主要电气设备的图形符号

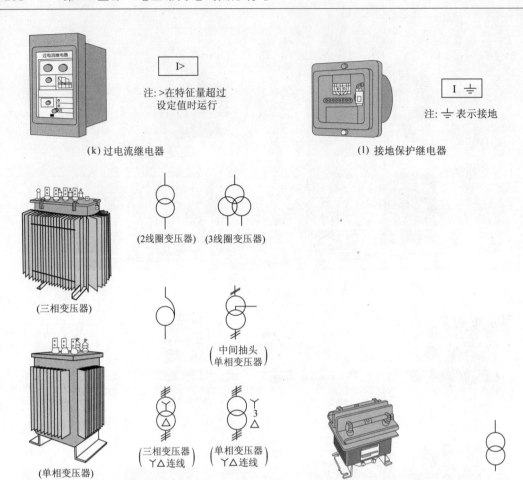

注: > 在特征量超过
设定值时运行

(k) 过电流继电器

注: 表示接地

(l) 接地保护继电器

(2线圈变压器) (3线圈变压器)

(三相变压器)

中间抽头
单相变压器

(单相变压器)

(三相变压器) (单相变压器)
(Y△ 连线) (Y△ 连线)

(m) 三相及单相变压器

(n) 计量器用变压器

续图 15.31

15.15 控制设备器件图形符号

顺序控制设备器件的图形符号如图 15.32 所示。

常开触点 常闭触点

(a) 按钮开关

电池

(b) 电 池

图 15.32 顺序控制设备器件的图形符号

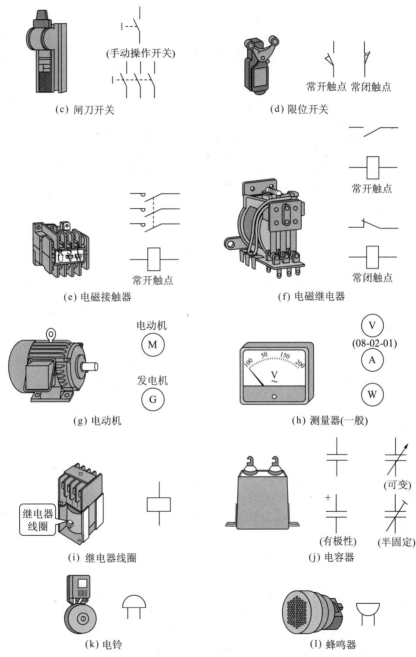

(c) 闸刀开关

(手动操作开关)

(d) 限位开关

常开触点 常闭触点

(e) 电磁接触器

常开触点

(f) 电磁继电器

常开触点

常闭触点

(g) 电动机

电动机

发电机

(h) 测量器(一般)

(08-02-01)

(i) 继电器线圈

继电器线圈

(j) 电容器

(可变)

(有极性) (半固定)

(k) 电铃

(l) 蜂鸣器

续图 15.32

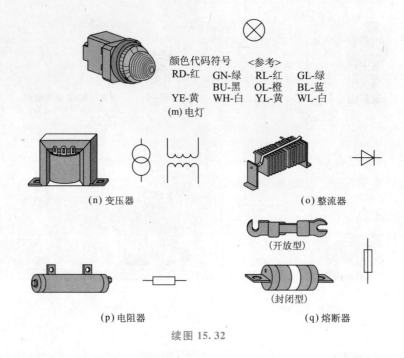

颜色代码符号　〈参考〉
RD-红　GN-绿　　RL-红　GL-绿
　　　　BU-黑　　OL-橙　BL-蓝
YE-黄　WH-白　　YL-黄　WL-白
(m) 电灯

(n) 变压器　　　　　　　　　　(o) 整流器

(开放型)

(封闭型)

(p) 电阻器　　　　　　　　　(q) 熔断器

续图 15.32

15.16　识读电气图

 知识点1　电工识图的基本要求

电工识图的基本要求包括以下几个方面：

① 结合电工基础理论了解电路图中各电气元件的基本工作原理、主要结构、动作性能以及各设备之间的关系。

② 在各类电工图纸中，原理图是绘制其他图纸的依据，可以对照原理图来识读其他图纸。

③ 可参照电气设备文字符号表、常用一次电气设备和二次电气设备图形符号表、回路标号规定和辅助文字符号表，掌握电路图中各文字符号和图形符号所代表的意义进行识读，并应熟记那些常用的图形和文字符号。对图纸中特殊标注的文字和图形符号，可查阅有关电工手册，理解其相应含义。

④ 分清主电路和辅助电路。一般情况下，先看主电路，后看辅助电路。了解主电路中用

电设备是怎样引入和取得电源的,经过哪些设备和元件部件而达到负载的;看辅助电路分清是交流回路还是直流回路,是控制回路、保护回路、信号回路还是测量回路。识图时,对控制回路、保护回路和信号回路等各个回路中各元件、线圈接点等的动作顺序通常遵循自上而下和自左至右的原则。要注意动作元件的接点常常接在其他各条回路中。

⑤ 电工图纸中对各开关设备元器件的触点、接点等所表示的状态都是对应于正常运行状态或各开关设备及元器件不带电的状态下画出的。如某继电器的动合或动断触点系指该继电器线圈不带电时打开或闭合的触点。

⑥ 一个完整的甚至复杂的电工图纸,实质上都是由一些典型和常用电路按一定规律结合而成,为此可结合典型和常用电路进行对比分析。

知识点2 电路图实例

① 信号的传输和图形符号的配。如图 15.33 所示,图形符号的配置是根据信号的流动、电流的流动等动作的顺序从左到右展开的。一般情况下,(＋)侧的导线画在电路图的上侧,(－)侧的导线画在电路图的下侧。

② 导线的交叉和接地的表示方法。如图 15.34 所示,电路图中导线交叉时是否连接是用小黑点的有无来区别的。接地的表示方法则如图 15.34 中右端所示。

图 15.33　电路图的表示方法　　　　　　图 15.34　导线的交叉及地线的表示

③ 地线的使用。图 15.35 示出了图 15.33 所示电路结构共用地线的情况。为了简化对的电路表示,经常使用这种方法。

④ 包含集成电路(IC)的电路。图 15.36 是利用 IC(74LS00)的 LED 点灯电路。在这样使用 IC 的情况下,根据该 IC 的引脚配置连接电路,如图 15.37 所示。IC 的 1 号引脚有 IC接入标记,如图 15.38 所示。

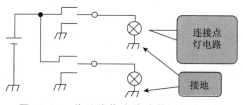

图 15.35　将地线作为线路使用的电路图

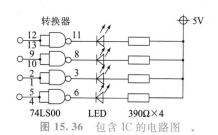

图 15.36　包含 IC 的电路图

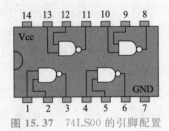

图 15.37 74LS00 的引脚配置

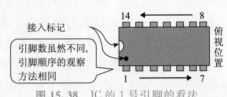

图 15.38 IC 的 1 号引脚的看法

⑤ 电路图和实物布线图。图 15.39 所示是使用继电器控制交流 100V 灯泡的简单的点灯电路。图 15.40 为图 15.39 的实物布线图,相互对照即可以清楚地理解图形符号的画法及表示方法。通过控制流经继电器的电流的通(ON)、断(OFF),就可以控制流过灯泡的电流。

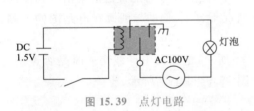

图 15.39 点灯电路

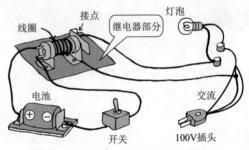

图 15.40 点灯电路的实物布线图

知识点3 识图方法和技巧

1. 电路原理图的识读

1)了解整机电路的功能和作用

一个电气设备的整机电路原理图,可以反映出整个设备的电路结构、各单元电路的具体形式和相互之间的联系,它既表达了整机电路的工作原理,又给出了电路中各元器件的具体参数(包括型号和标称值等),以及与识图有关的有用信息(包括各开关、接插件的连接状态等)。有的整机电路原理图还给出了晶体管、集成电路等主要器件的引脚直流电压及电路关键点的直流电压、信号波形,为检修与测试电路提供方便。因此,了解了整机电路的整体功能、作用和主要技术指标,即对该电路图有大概的了解。

2)了解整机电路的基本结构组成

对整机电路有了大概的了解后,还要分析整机电路的基本结构,找出整机电路的信号流向,熟悉整机电路的直流供电通路。

① 画出电路方框图。根据整机的电路结构,以主要元器件为核心,将整机电路划分出若干个单元功能模块,然后根据各单元电路部分的功能,结合信号处理流程方向,画出整机电路方框图。

② 判断出信号处理流程方向。分析整机电路原理图的信号处理时,要先找出整机电路的总输入端和总输出端,这样可以快速判断出电路图的信号处理流程方向。

信号的总输入端通常是信号的获取电路或取样电路、产生电路,总输出端是电路的终端输出电路或控制执行电路,从总输入端到总输出端之间的通路方向,即为信号处理流程方向。总输入端到总输出端之间的这部分电路是信号放大或电压变换、频率变换等电路。一般情况下,整机电路中信号的传输方向是从左侧至右侧。

③ 分析直流供电。电源电路是整机电路中各单元电路的共用部分,几乎所有的电子产品都离不开电源电路(该电路通常设置在整机电路原理图的右下方)。分析主电源电路时,应从电源输入端开始;分析各单元电路的直流供电时,可先找到电源电路输出端的电源线和接地线,然后顺着电源线的走向进行逐级分析。

3) 了解单元电路的类型、功能及特点

① 了解单元电路的类型和功能。识读单元电路时,首先应了解单元电路的类型和功能,分析该单元电路是模拟电路、数字电路,还是电源电路。若单元电路是模拟电路,则应分析是属于放大电路、振荡电路、调制电路、解调电路及有源滤波电路中的哪一种类型。例如,放大电路是交流放大电路、直流放大电路,还是功率放大电路。若是交流放大电路,还应区分单级放大电路、多级放大电路、调谐放大电路,还是反馈放大电路。若是反馈放大电路,还应分清是正反馈电路,还是负反馈电路。若是负反馈放大电路,再进一步区分出是电流串联负反馈电路、电流并联负反馈电路、电压串联负反馈电路、电压并联负反馈电路和电压电流复合负反馈电路中的哪种类型。若单元电路是数字电路,则应分析是属于门电路、触发器电路、译码器电路、计数器电路及脉冲电路中的哪一种类型。若单元电路是电源电路,则应分析是一般电源电路,还是开关电源电路。若是一般电源电路,还应分析其降压电路是变压器降压电路,还是电容降压电路;整流电路是半波整流电路,还是全波整流电路;滤波电路是电容滤波电路,还是电感滤波电路;稳压电路是并联稳压电路,还是串联稳压电路。

② 了解单元电路的特点。识图单元电路时,应了解单元电路的特点,弄清单元电路输入信号与输出信号之间的关系,信号在该单元电路中如何从输入端传输到输出端,以及信号在此传输过程中受到了怎样的处理(放大、衰减,还是控制)。例如,一般放大电路通常具有一个输入端和一个输出端(差动放大电路有两个输入端),输入端与输出端之间是晶体管或运算放大集成电路等器件。晶体管放大电路的输入端在基极,输出端在集电极(射极跟随放大器的输出端在发射极)。放大电路的主要作用是对信号进行不失真放大,其输出信号的幅度是输入信号的若干倍,但其他特征不变。同相放大电路(也称正相放大电路)的输入端信号与输出端信号相位相同,反相放大电路的输入端信号与输出端信号相位相反。应该注意的是:用来

讲解电路工作原理的单元电路,与实际的单元电路有一定差别。它通常采用习惯画法,各元器件之间采用最短的连线,各元器件排列紧凑且有规律;而实际的单元电路中,有的个别元件画的与该单元电路较远。

③ 了解主要元器件的作用。要了解该单元电路中各元器件的特性及主要作用,并能分析出各元器件在出现开路、短路或性能变差后,对整个电路和单元电路的直流工作点有什么不良影响,单元电路的输出信号会发生什么样的变化。

④ 掌握电路的等效分析方法。分析电路的交流状态时,可使用交流等效电路分析方法,将交流回路中的信号耦合电容器和旁路电容器视为短路,先画出交流等效电路,再分析电路在有信号输入时,电路中各环节的电压和电流是否按输入信号的规律变化,电路处于什么状态。分析电路的直流状态时,应使用直流等效电路分析方法,将电容器视为开路,将电感器视为短路,画出直流等效电路后,再分析电路的直流电源通路及级间耦合方式,弄清楚晶体管的偏置特性、静态工作点及所处工作状态。分析由电阻器、电容器、电感器及二极管组成的峰值检波电路、耦合电路、积分电路、微分电路及退耦电路时,应使用时间常数分析法。若阻容元件的时间常数不同,尽管电路的形式和接法相似,但所起的作用也不同。分析各种滤波、陷波、谐振、选频等电路时,可使用频率特性分析法,粗略地估算一下电路的中心频率,看电路本身所具有的频率是否与期望处理信号的频谱相适应。

⑤ 集成电路应用电路的识图。识读由集成电路组成的单元电路时,应先了解一下该集成电路的性能参数、内电路框图及各引脚功能,这些资料可查阅集成电路的应用手册。

2. 印制板图的识读

① 了解印制板图的特点。印制板图是用印制铜箔线路来表示各元器件之间的连线,不像电路原理图中是用实线线条来表示各元器件之间的连线,铜箔线路和元器件的排列、分布也不像电路原理图那么有规律。印制板图反映的是设备印制线路板上线路布线的实际情况,通过印制板图可方便地在印制线路板上找到电原理图中某个元器件的具体位置。尽管元器件的分布与排列无规律可言,但同一个单元电路中的元器件却是相对集中在一起的。印制板图上大面积的铜箔线路是整机电路的公共接地部分,一些大功率元器件的散热器通常与公共接地部分相连。

② 以元器件的外形特征为线索。在识读印制板图时,应根据电路中主要元器件的外形特征快速找到该单元电路及这些元器件。不容易查找的电阻器和电容器,可先对照电原理图上标注的型号找到与其连接的晶体管、集成电路等器件,熟悉相关的连接线路,再通过这些外形特征较明显的器件来间接找到阻容元件。有的电子产品在印制板的元器件安装面上直接标注出元器件的文字符号(元器件代号),只要将电路原理图上标注的元器件符号与印制板上的符号进行对照,即可查找出元器件的位置。

15.17　电路图的组成及绘制原理

 知识点1　电路图的组成及类型

1. 电路图的组成

电路图是用来表示电路的组成和电路中各元器件之间相互连接的关系,它能帮助我们了解电路的结构和工作原理,是电路分析、试验制作与维修装配的重要依据。一个简单的完整电路通常是由电源、负载、连接导线及开关等组成的闭合回路,较复杂的电路则是由若干个电子元器件按一定的规律组合连接而成的。

2. 电路图的类型

① 电路接线图。电路接线图是将各元器件的实物图或将简化轮廓(能表现这些元器件结构特性的简化图形)用导线连接在一起组成的电路图(图 15.41)。它用来表示产品的整件、部件内部接线情况及元器件之间的实际配线情况,通常是按照设备中各元器件和接线位置的相对位置绘制的,看起来直观易懂。

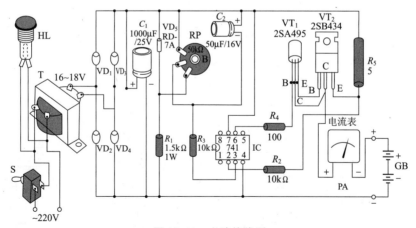

图 15.41　电路接线图

② 电路原理图。电路原理图是用来说明电子产品中各元器件的工作原理及连接关系的电路图(图 15.42)。其特点是采用一些规定的元器件电路图形符号来代替电路中的实物,以实线表示电性能的连接,按电路的原理进行绘制的。通过电路原理图,分析电路中电流及信

号的来龙去脉，即可了解电路图对应设备的工作原理。

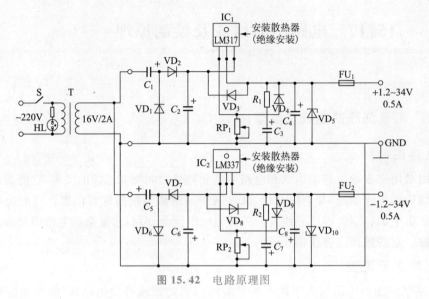

图 15.42 电路原理图

③ 方框图。(图 15.43)方框图简称框图，是把一个完整电路或整机电路划分成若干部分，各个部分用带有文字或符号说明的方框表示，再将各方框之间用线条连接起来组成的电路图。方框图反映的是某一设备的电气线路是由哪几部分组成的，只能说明各部分之间的相互关系及大致工作原理。

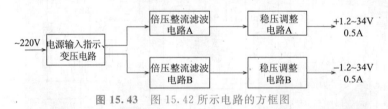

图 15.43 图 15.42 所示电路的方框图

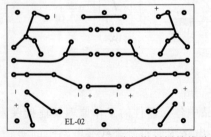

图 15.44 图 15.42 所示电路的印制铜箔线路图

④ 印制板图。印制板图也称印制线路板图，是专门为元器件装配与设备修理服务的电路图，它分为印制线路图和实物布线图两种。印制线路图是元器件安装敷铜板的印制铜箔线路图。有的印制线路图上用电路图形符号表示各元器件在印制线路板上的分布情况和具体位置，给出了各元器件引脚之间连线的走向及元器件的引脚焊接孔位置，起到电原理图与设备上实际印制线路板之间的沟通作用。

　　⑤ 实物布线图。实物布线图也称结构安装图(图 15.45),它用元器件图形符号或元器件外形图表示电路原理图中各元器件在印制线路板上的分布情况和具体位置,反映出各元器件在印制板上的实际位置,突出实际配线结构。

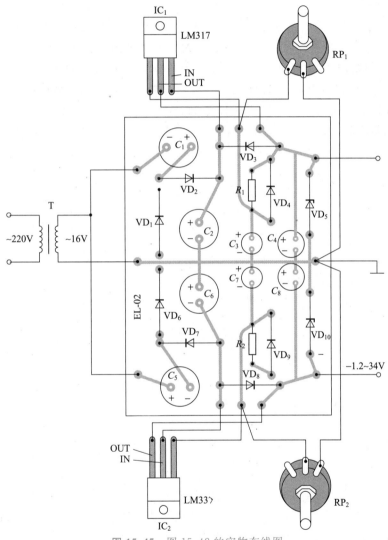

图 **15.45**　图 15.42 的实物布线图

知识点2 电路图的绘制原则

1. 电路原理图的绘制原则

① 电路布局。各单元电路在整个电路图面上,均是由左到右、由上到下进行排列的。例如,电路的输入部分排在左边,输出部分排在右边。元器件图形符号排列的方向应与图面平行或垂直,避免斜线排列,引线折弯要成直角。为了减少线条,在图中可将多根单线汇成一总线,汇合处用45°角或90°角表示,在每根汇合线的两端应用相同的序号标注。各单元电路中的元器件相对集中。在电路中共同完成任务的一组元器件(例如,光敏二极管和光敏晶体管),即使两元器件在产品结构中的位置不在一处,但为了方便识图,也可在图上将这两个元器件绘制在一起。必要时还可将该组元器件画上点划轮廓线加以说明。串联或并联的元件组可在图上只绘出一个图形符号,其余的在标注中加以说明。

② 导线的连接。在电路原理图中,两条导线交叉且连接在一起的,在交叉点处要用黑圆点表示;若两条交叉导线处的交叉点无黑圆点,则说明这两条导线不连接。丁字线的连接点处可以加黑圆点,也可以不加黑圆点。

③ 接地线和电源线。电路原理图的接地线通常布置在电路图下方。简单的电路原理图中,各接地点用一根导线连接在一起,只引出一个接地符号。较复杂的电路原理图中,往往用分散的接地符号来表示,但识图时应理解为各个接地点之间是彼此相连的。电源线通常布置在电路图的上方。与接地线一样,简单的电路原理图中也是用一根电源线来将整个电路的电源端连接起来;较复杂的电路原理图中则使用分散的电源连接端子表示,识图时也应理解为各个电源端子间是彼此相连的。

④ 开关与控制触点的画法。电路原理图中,电源开关处在断路位置,转换开关处在断路位置或具有代表性的位置。继电器和交流接触器的常开触点处于断开位置,常闭触点处于接通位置。为了识图清晰,允许将多级开关、多级按钮、继电器和交流接触器的图形符号分成几个部分,分别绘制在图面的几个地方,但各部分的位置代号应相同。

2. 方框图的绘制原则

方框图既可以由全部框图组成,也可由框图和图形符号相间设置。方框图中每一个单元框(矩形或正方形)或图形符号,均表示一个具有独立功能作用的单元电路或元器件组合,各单元框之间的排列应根据其所起作用和相互联系的先后顺序从左至右、自上而下地排列(通常排成一列或几列)。各单元框用实线连接起来,连线上用箭头表示其作用和作用方向(信号流程或控制作用)。若整个方框图中有多种不同性质的信号线或控制线时,则应使用不同的线形加以区别。较复杂的方框图电路中,为了表达得更清楚,可将几个共同完成同一功能的单元电路框图用点划线圈起来。

15.18 控制电路实际布线图和顺序图示例

知识点1 电动送风机的延迟运行运转电路

电动送风机的实际设备如图 15.46 所示。电动送风机延迟运行运转电路实际布线图如图 15.47 所示。

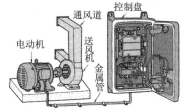

图 15.46 电动送风机的实际设备图

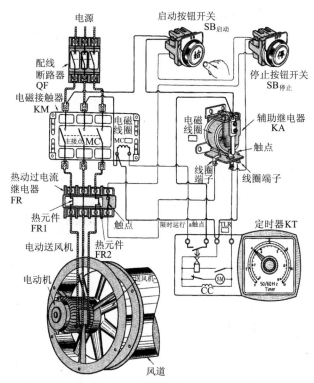

图 15.47 电动送风机延迟运行运转电路的实际布线图

　　① 电动送风机的延迟运行运转电路实际布线图。电动送风机的实际设备图如图 15.46 所示,控制盘中只安排了电磁接触器、过电流继电器和启动与停止按钮开关,通过在控制盘中增加定时器和辅助继电器可以进行电动送风机的延迟运行运转控制。图 15.47 示出了采用延迟运行电路的电动送风机延迟运行运转电路实际布线图,它是一种基于定时器的时间控制基本电路。在这个电路中,按压启动按钮开关施加输入信号并且经过一定时间(定时器的整定时间)以后,被启动的电动送风机会自动地开始运转。

　　② 电动送风机的延迟运行运转电路顺序图。将电动送风机的延迟运行运转电路的实际布线图改画成顺序图,则如图 15.48 所示。所谓电动送风机就是用电动机进行驱动的送风机。

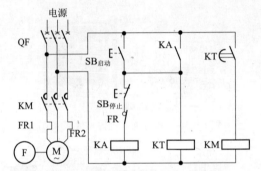

图 15.48　电动送风机的延迟运行运转电路的顺序图

 知识点2　　采用无浮子液位继电器的供水控制电路

　　① 供水控制电路实际布线图。图 15.49 所示是供水设备的构造。图 15.50 表示了供水控制设备的实际布线图。它利用电动泵从供水源向供水箱抽水,并且利用无浮子液位继电器对水箱中的液位进行检测,从而实现供水控制设备的自动化控制。

　　② 供水控制电路顺序图。图 15.51 所示是由采用无浮子液位继电器的供水控制设备实际布线图改画成的顺序图。因为若把交流 200V 电压直接加到无浮子液位继电器的电极之间是危险的,所以利用变压器把电压降低到 8V。

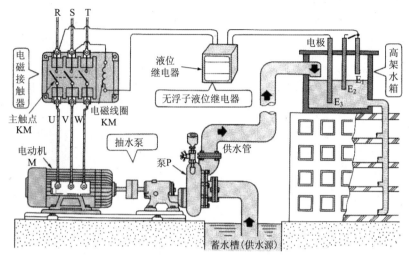

图 15.49 供水设备的构造

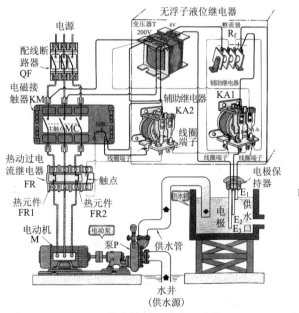

图 15.50 供水控制电路实际布线图

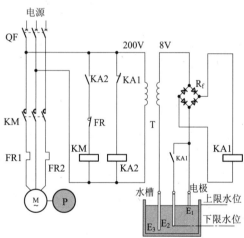

图 15.51 顺序图